基礎からわかる
図解・自動車メカ

制作協力：桜木　茂（日産自動車株式会社パワートレイン開発本部）
本文DTP：田中志磨子
イラスト：ナークツイン

はじめに

――クルマはデリケートな精密機器――

いま、私たちの身の回りの機器は、しくみを知らなくても便利に使いこなせるものばかりです。パソコンや携帯電話を使いこなせる人は大勢いますが、メール送受信のしくみを知ってる人は少ないでしょう。クルマも私たちの身近にあって十分に乗りこなしているものでありながら、「中身のしくみがわからない」という存在になっています。

クルマは時速100kmで走る大きな機械です。そのクルマの一機関、たとえばエンジンに着目すると、ときには1分間に6000回転という高速で動いています。ということは1秒間に100回転。その場合、4サイクルレシプロエンジンだと、シリンダー内でガソリン等の燃料が、1秒間に50回という速さで爆発を繰り返していることになります。その50分の1秒というごく短いサイクルの中で、さらにほんのわずかな時間差を出して、2カ所のバルブを開閉して空気の出し入れをしている――これはもう精密機械の世界です。1トンを超えるような重たい物体であるクルマは、じつはたいへんデリケートで繊細な技術の積み重ねで動いているのです。

ハイブリッドカーや電気自動車など、クルマの技術は日々進歩しています。しかし基本的な部分は昔から変わっていません。ちょっと解説書を読めば十分にわかるものです。最先端技術が結集した電子機器も一部に組み込まれていますが、クルマ全体としてはあくまでも「機械」です。

なぜギヤがあるのか？　なぜギヤはあのような形をしているのか？　そこにはクルマを走らせるための力学的問題点と、それを克服した先人の知恵や技術力が見て取れます。ギヤ以外にも、クルマに搭載されている部品を見てゆくと、すべて「クルマを走らせる」という目的のために、おのおのが理にかなった働きをしているのが見えてきます。

本書では、あくまでも基礎技術の上に現在の技術があることを留意し、基礎を中心としながら最新技術までを紹介しています。クルマの「なぜ」「どうして」を解明しながら、平易な言葉と図版を使った解説を心がけました。皆さんの知的好奇心が満たされ、自動車メカの基礎知識理解の一助となってくれれば幸甚です。

基礎からわかる
図解・自動車メカ 目次

第3章　駆動システム

第4章　サスペンション、ステアリング

第5章　ブレーキ

第6章　タイヤ

第7章　環境対策

第8章　電気や水素で走る技術

自動車各部と本書参照ページ

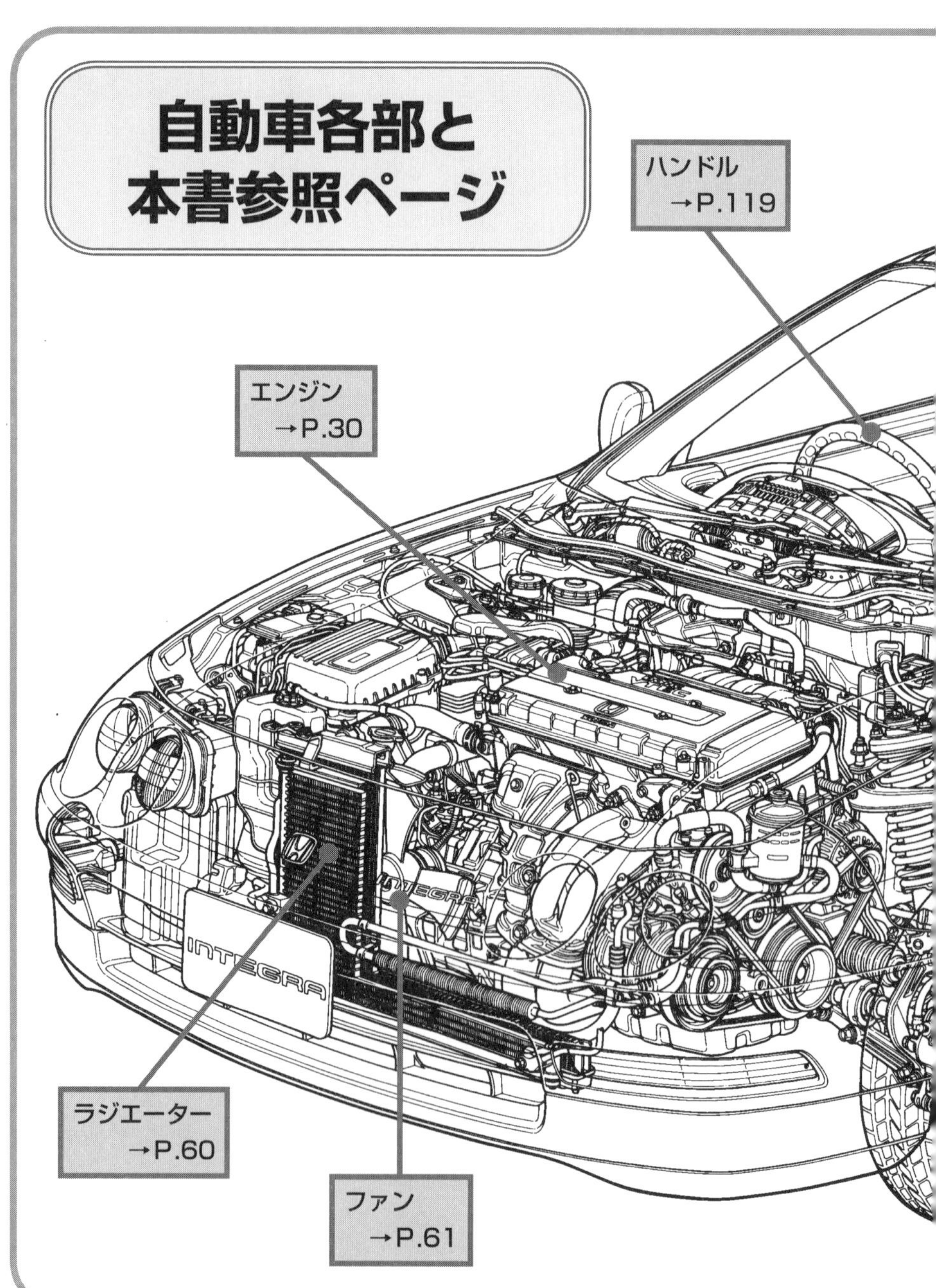

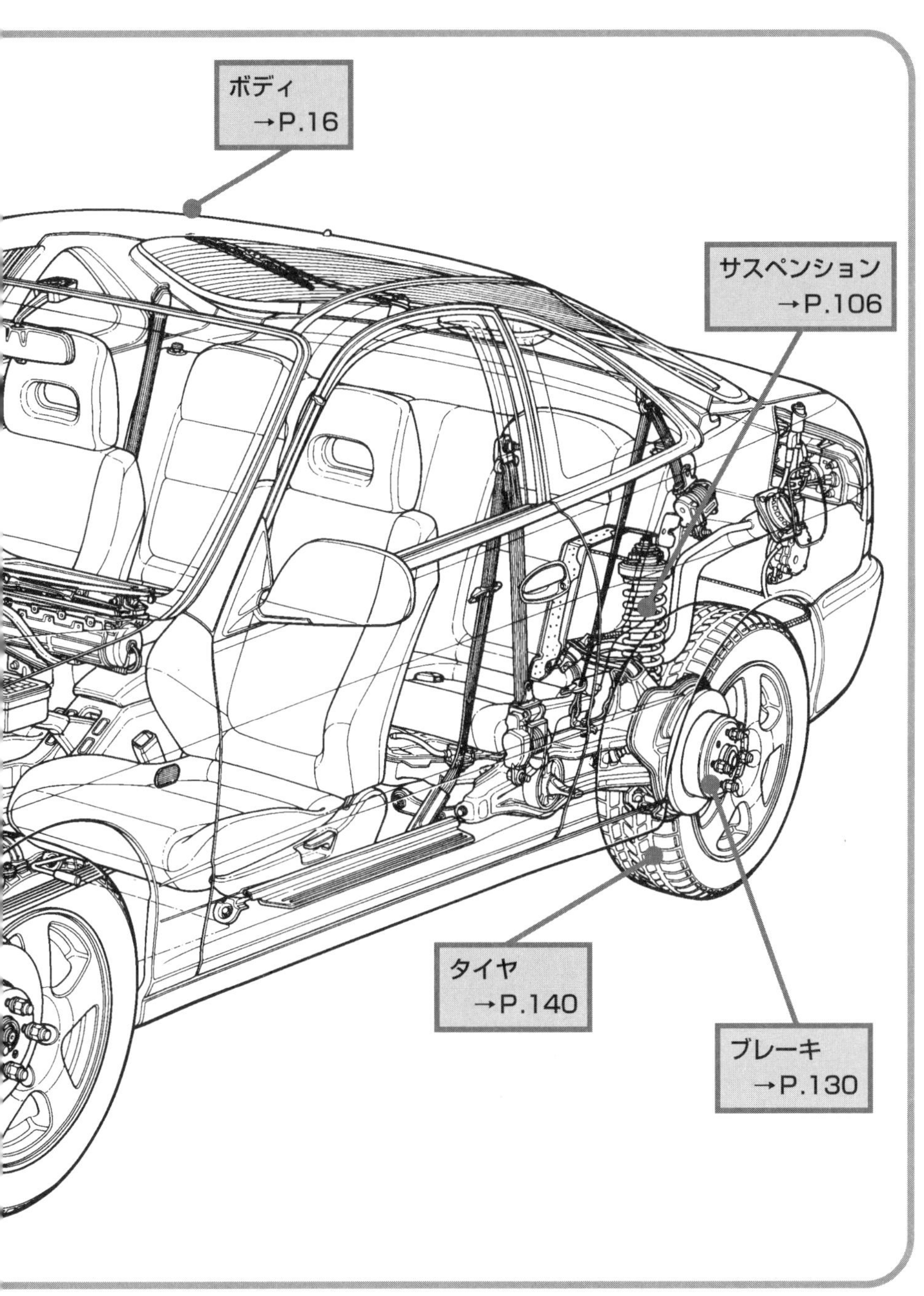
ボディ
→P.16
サスペンション
→P.106
タイヤ
→P.140
ブレーキ
→P.130

シャシーと本書参照ページ

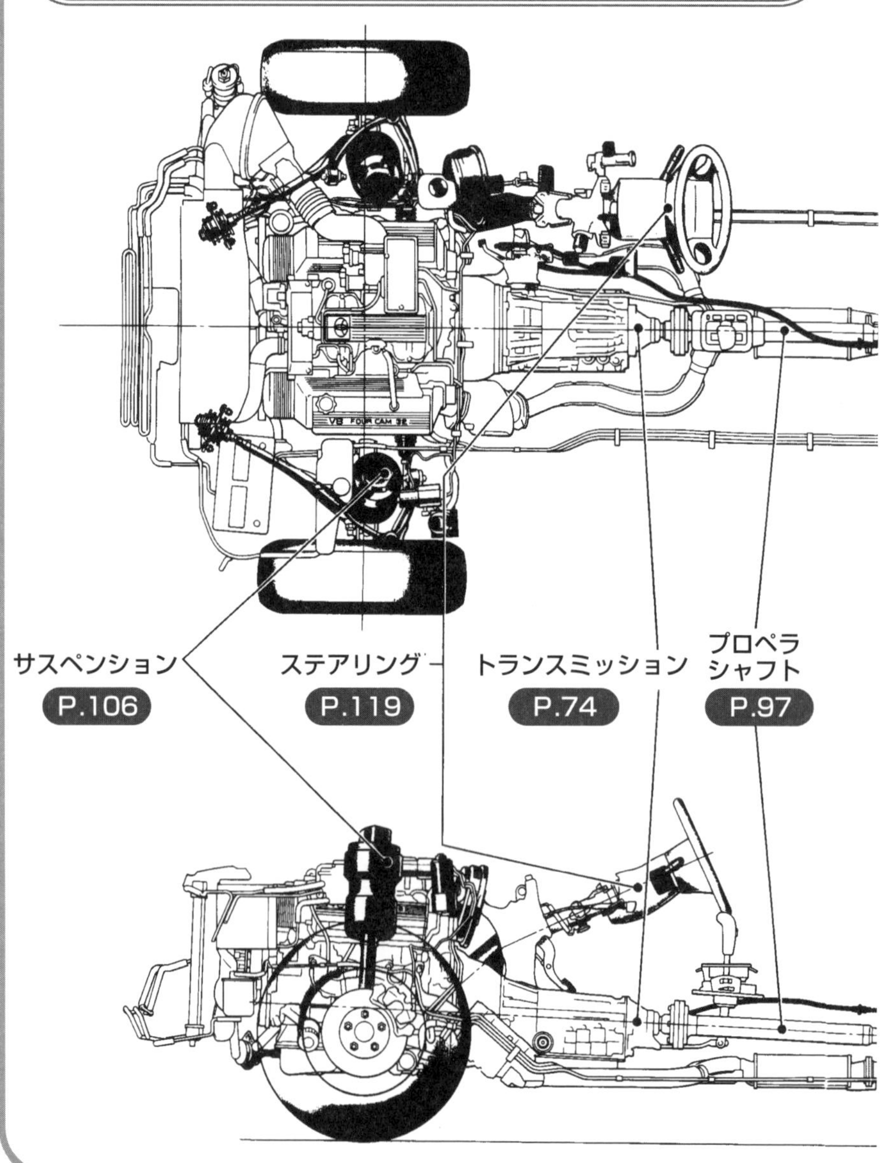

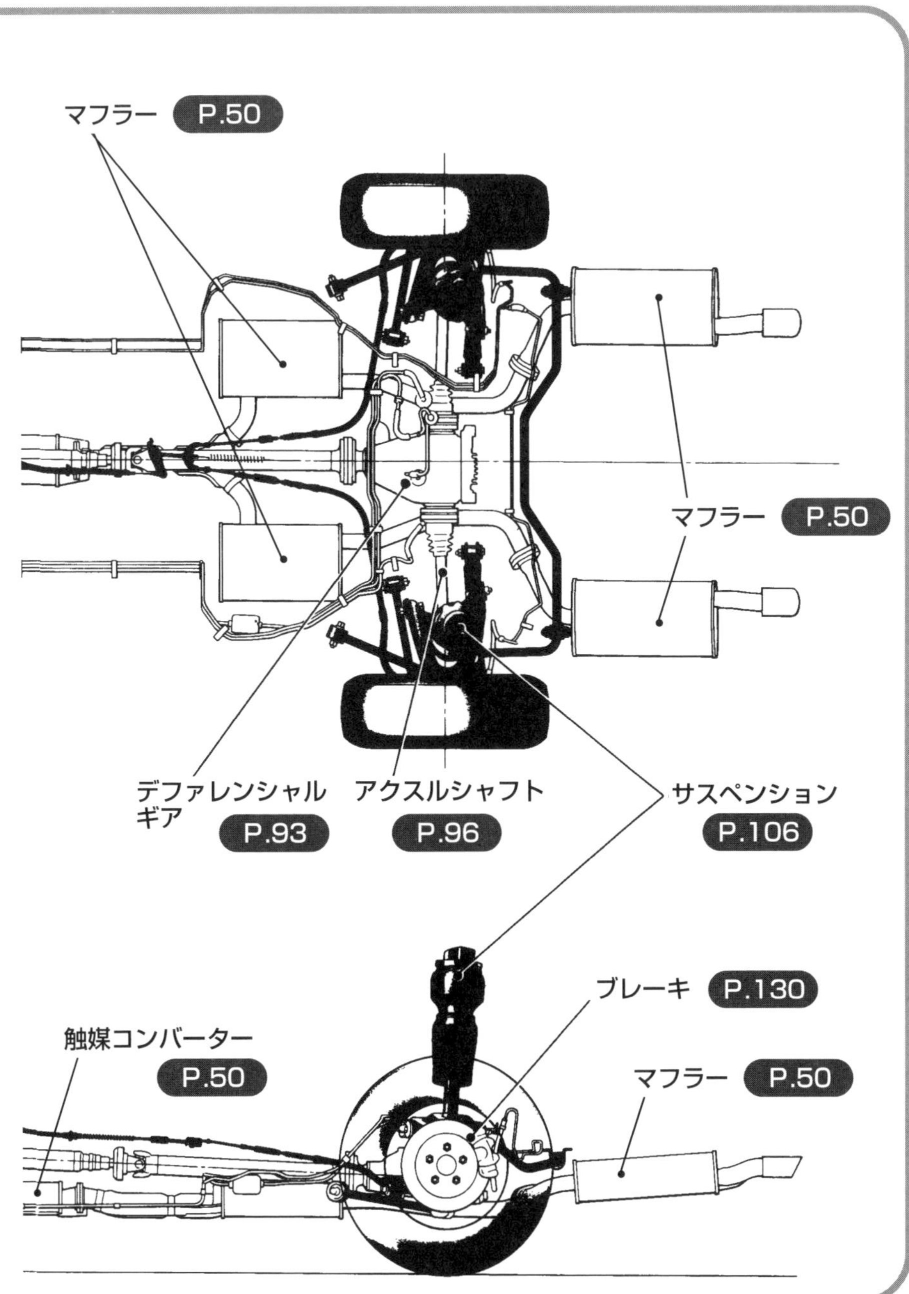
マフラー P.50
マフラー P.50
デファレンシャルギア P.93
アクスルシャフト P.96
サスペンション P.106
ブレーキ P.130
触媒コンバーター P.50
マフラー P.50

エンジンと本書参照ページ

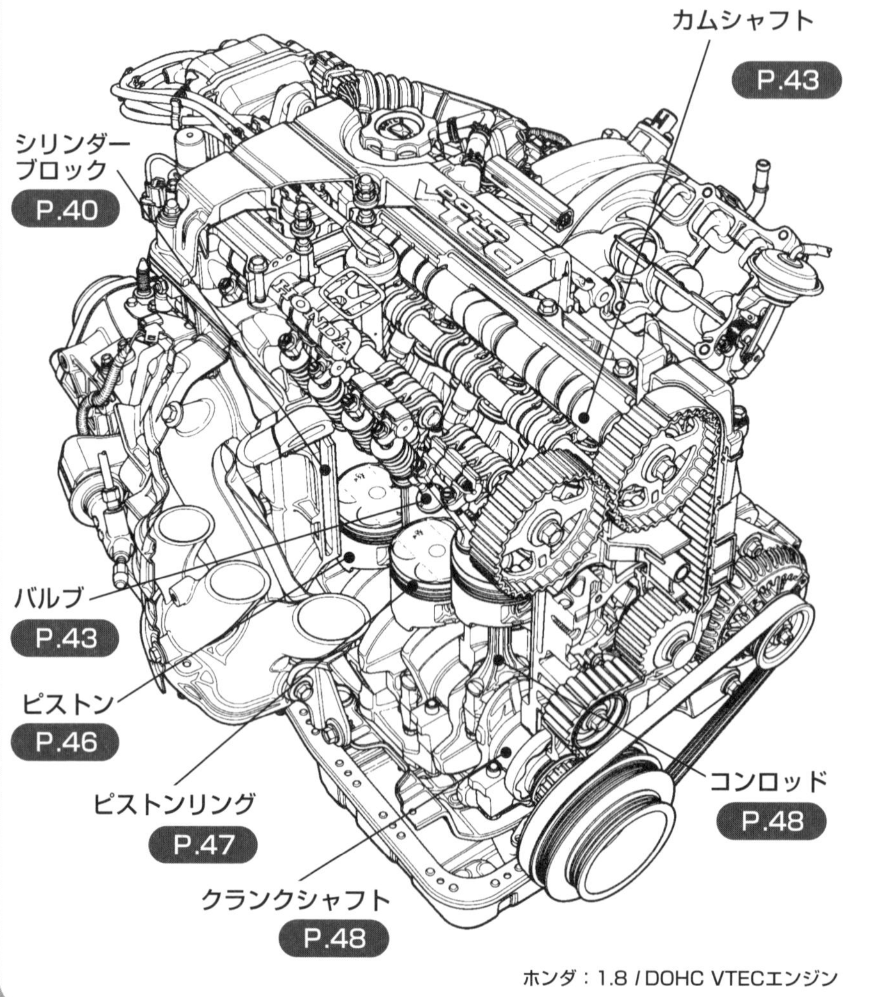

ホンダ：1.8 / DOHC VTECエンジン

第1章

ボディ

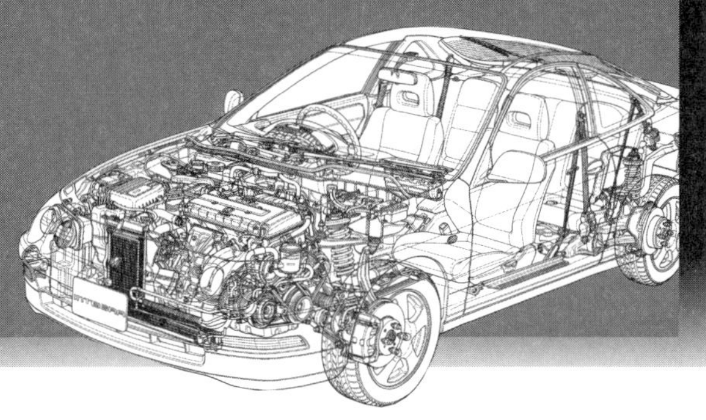

クルマでまず目に付くところはボディ（body）です。パッと見たときの印象は、ボディのデザインによって決まります。クルマの購入理由には、見た目で気に入るかどうかが大きいのですから、デザインはメーカーにとっても重要です。

しかし、ボディには何より、乗っている人の保護という重要な役割があります。簡単にクニャッと曲がるようでは大問題ですし、高速走行での事故もありますから、剛性が高くなければなりません。そして、クルマが走るときに生じる空気抵抗を少なくするのも、ボディの形によって決まります。

本章では、まずクルマの輪郭であるボディを見ていきましょう。

クルマの形状による分類

クルマの形状や大きさを伝えるために、クルマには特有の呼び名や共通の寸法の測り方があります。

クルマの買い換えを予定している家族の会話です。

娘「ワタシも運転するから、ワンボックスカーはイヤだ」

母「セダンがいいわね」

父「やっぱりFFだな」

各自勝手なことを言っているようですが、話はかみあっています。「ワンボックス」「セダン」「FF」というのは、すべてクルマの特徴を表しており、そのカテゴリー（分類の仕方）が違うだけなのです。3人の条件を満たすクルマが存在します。

クルマには、その形状からいろいろな分類方法があります。ワンボックスというのはクルマをスペースによって分けた方法のうちの1つであり、セダンというのは姿形による分類方法の1つです。FFというのはエンジンの置いてある位置と駆動輪の位置によって分けた方法の1つを表しています。

これらの分類のしかたを詳しく見てみましょう。

■ワンボックス、ツーボックス、スリーボックス

ワンボックスカーという言葉をよく耳にします。これはクルマをスペースの数で分類したときの呼び名です。エンジンが入っているスペース（エンジンルーム）と、人が乗るキャビン、さらに荷物室の合計3つが、どのような形になっているかで分けています。ほかにツーボックスカー、スリーボックスカーというのも存在しますが、この2つの呼び名はあまり使われていません。

■ワンボックスカー

ワンボックスカー（one box car）とは、見た目ではキャビン（cabin：車室内）しかないクルマのことをいいます。荷物室、キャビン、エンジンルームが1つの箱に入っている形のクルマ。1つの箱＝ワンボックス、です。エンジンは運転席の下にあります。

●ワンボックスカー

■ツーボックスカー

ツーボックスカー（two box car）とは、荷物室とキャビン（車室内）が一体となって1つの箱、エンジンルームが前に飛び出していてもう1つの箱、ということで合計箱が2つ。で、ツーボックスです。

●ツーボックスカー

■スリーボックスカー

エンジンルーム、キャビン（車室内）、トランク（trunk）ルームの3つが、それぞれ独立した箱に入っているように見える形のクルマのことを、スリーボックスカー（three box car）といいます。スリーボックスカーが最も一般的な形であるといえます。

●スリーボックスカー

基本的にはこの3種類ですが、最近ではエンジンルームを小さくして、ワンボックスではない1.5ボックスと呼ばれるクルマも登場しています。

■ セダン、クーペ、コンバーチブル

ボックスによる分類は比較的簡単にできるのですが、このほかに姿形で細かく呼び名が分かれてもいます。セダンやクーペ、コンバーチブル、これらは厳密に分類できず、現在はクルマメーカーによって使い分けがなされている部分も多いのですが、主流の分類方法を紹介しましょう。

■セダン

セダン（sedan）とは、4ドアでスリーボックスカーのことを指します。クルマの最も一般的な形と考えていいでしょう。アメリカではセダンと言いますが、イギリスでは同じ形のクルマにサルーン（saloon）という呼び名が使われています。

●セダン

■ハードトップ

ハードトップ（hardtop）とは日本語に訳すと「硬い屋根」という意味になり、もともとは取り外しができる硬い屋根を持っているクルマのことを指していました。屋根が硬いので、前後の真ん中に支柱が不要——そんなことから、支柱のないクルマをハードトップと呼ぶようになりました。ハードトップは、セダンに似た形をしています。そして現在は、ドアに窓枠が無いものをハードトップと呼びます。窓を開けたとき、広々とした開放感があります。しかし、支柱がないぶんボディ剛性が弱く、安全性に欠けることから、現在はほとんどつくられていません。

●ハードトップ

■コンバーチブル

コンバーチブル（convertible）とは「変換できる」という意味で、屋根のないオープンカーからセダンなど屋根つきのクルマに変わることができるクルマのことをいいます。コンバーチブル、オープンカー、カブリオレ、どれも同じく屋根をなくしたりつけたりすることができるクルマです。屋根は布製のものから金属製のものまでさまざまです。

●コンバーチブル

■ステーションワゴン

ステーションワゴン（station wagon）とは、5ドアでツーボックスのクルマのことをいいます。前方はセダンの形ですが、後ろはトランクルームでなくキャビンをそのまま延ばして大きな荷物室にしています。イギリスではエステートカー（estate car）と呼ばれます。

●ワゴン

■バン

バン（van）とは、5ドアでツーボックスのクルマのことをいいます。前方はセダンの形ですが、後ろはトランクルームでなくキャビンをそのまま延ばして大きな荷物室――と、これではステーションワゴンと同じです。では、バンとステーションワゴンとの違いは、どこにあるかというと、「荷物」を乗せるのを主たる目的にしているのがバン、「人」を乗せるのを主たる目的にしているのがステーションワゴン、となります。姿形に大きな違いはないのですが、バンは、荷物室の窓に金属の横棒がついています。

■ハッチバック

ハッチバック（hatch back）とは、3ドアまたは5ドアでキャビンと荷物室が一体化しているクルマです。荷物室はさほど広くなく、排気量も少ない小さめのクルマに採用されています。

■クーペ

クーペ（coupe）とは、2ドア・スリーボックスカーのことをいいます。小さめで座席は前の2席のみ。後部座席がついていても、狭く座り心地はよくありません。後ろに荷物室とドアがついている3ドアのクーペもあります。これは3ドアハッチバッククーペといいます。ステーションワゴンに似ていますが、ステーションワゴンより小型で、基本的には2人乗りのクルマです。

■リムジン

セダンの前後方向（とくにホイールベース）をグッと長くし、後部座席を広く取ったクルマがリムジン（limousine）です。運転席との間が仕切られた高級乗用車です。

駆動レイアウト

さらにクルマは、エンジンがどこに置いてあって、その力が伝わるタイヤ（駆動輪）がどれかによっても、分類されています。FF、FRなどはその分類による呼び名です（図1.1）。

■FR

フロントエンジン・リヤドライブ（front engine rear drive）の略で、エンジンが前に置いてあり、駆動輪が後ろであるクルマのことを表しています。クルマの前方にあるエンジンによってできた回転の力を、プロペラシャフト（propeller shaft）を介して後輪に伝えています。

前方のエンジンと後方の駆動輪、双方に振動を分散できるので乗り心地が良く、高級車に多く採用されています。しかし、プロペラシャフトなどの部品が増えて、そのぶん車重が増え、室内やトランクがせまくなるという欠点があります。

■FF

フロントエンジン・フロントドライブ（front engine front drive）の略で、エンジンが前に置いてあり、駆動輪も前であるクルマのことを表しています。

エンジンのすぐ近くに駆動輪があるので、FRのようなプロペラシャフトがありません。車体下のプロペラシャフトのスペースが不要になり、室内が広く使えます。また車体も軽くなります。

ただ、重心が前に偏るので、カーブを走行するとき車体の前方に遠心力がかかるため、外側にふくらむ（＝アンダーステア <under steer>）傾向があります。

図1.1　駆動による分類

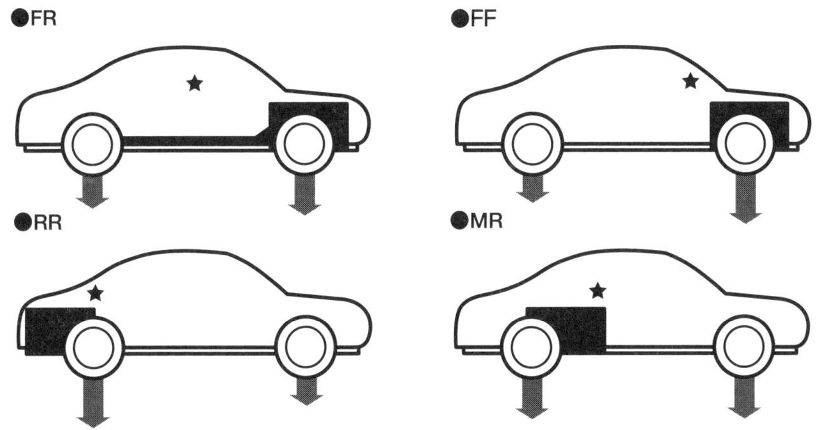

黒い箱状の部分がエンジンのある位置。★がクルマ全体の重心位置。タイヤ下の矢印は、前後のタイヤに掛かる重量の負荷を長さで表したもの。

■RR

リヤエンジン・リヤドライブ（rear engine rear drive）の略で、エンジンが後ろにあり、駆動輪も後ろであるクルマのことを表しています。

エンジンが後方にあるぶん室内がせまくなってしまいます。しかし、重心が後ろになるので、カーブ走行中は後ろに遠心力がかかるため、曲がりやすいという特長があります。むしろ内側に入ってしまう（＝オーバーステア <over steer>）傾向があり、スピンをしやすいという欠点も併せ持っています。

いま、RRのクルマはほとんどありません。昔のフォルクスワーゲンのビートルというクルマはRRでした（現在の新しいモデルのビートルはFFです)。エンジンルームだと思って、クルマの前についているトランクをパカッと開けると、何も入ってないのでビックリする人も多かったようです。

■MR

ミッドシップエンジン・リヤドライブ（midship engine rear drive）の略で、エンジンが前後のタイヤの間にあり、駆動輪が後ろであるクルマのことを表しています。

重量バランスがいいのが何よりの特長です。しかし、エンジンのスペースが真ん中にくるので、室内はとてもせまくなります。トランクスペースもとれず、スポーツカー、レーシングカーといったクルマで採用されています。

冒頭に出てきた3人の会話の条件を満たすクルマというのは、

「4ドアで、前方のエンジンルームと後部のトランクがはっきり分かれた最も一般的なクルマの外観で、室内の左右中心下部にプロペラシャフトが通っていないクルマ」であるといえます。

■4WD

4・ホイール・ドライブ（four-wheel drive）の略で、前後左右4つの車輪を駆動する4輪駆動のクルマのことを表しています。短く「4駆」とも呼ばれます。ほとんどの4WD車のエンジンは前方にありますが、スポーツカーのなかにはミッドシップのものもあります。

また、普段は前輪か後輪の2輪駆動で走行していて、必要なときだけ4輪駆動に切り替えられる「パートタイム（part time)」4WDと、常に4輪駆動で走行する「フルタイム（full time)」4WDの2種類があります。

エンジンのパワーを全部の車輪に伝えるため、悪路や雪道でもスリップしにくくなり、高速走行での直進性にもすぐれています。ただし、燃費が悪くなります。

車体寸法

全長、全幅、ホイールベースなど、カタログにはクルマの長さを表す言葉が並んでいます。すべてクルマの「大きさ」を表す言葉ではありますが、居住性や乗り心地、運転のしやすさなど、性能にも影響を与える値でもあります（図1.2）。

図1.2　車体寸法

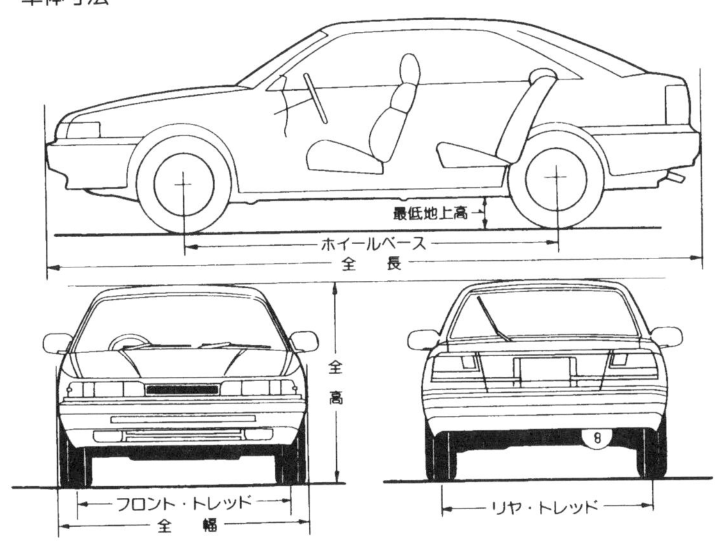

全長、全幅、全高など「全」がアタマにつく言葉は、すべてクルマの一番長い部分を表す数値です。全長は、前のバンパー（bumper；車体前後についている緩衝器）から後ろのバンパーまでを表します。全幅は、左右の最も広い部分の長さ、ただしサイドミラー（横に出ている鏡）の部分は除外します。全高は、路面からクルマの最も高い部分までの長さですが、アンテナや後から付けたキャリアなどは除外します。

ホイールベース（wheel base）は、前輪と後輪の中心を結んだ距離のことです。トレッド（tread）とは左右タイヤの中心を結んだ距離のことで、前輪（フロントタイヤ）と後輪（リヤタイヤ）ではこの値が異なることが多いので、それぞれフロント・トレッドとリヤ・トレッドと呼んでいます。ホイールベースやトレッドの値が大きいと、それだけキャビンが広いということですので、居住性にすぐれます。また、トレッドの値が大きいと、クルマの走行中に安定性が増します。

最低地上高は、路面からクルマの床下の最も低い部分までの高さのことを示しています。この値が大きいと、デコボコの悪路を走っても下がこする（路面に当たる）ことがなくなりますが、高すぎると安定性が減少します。

車体の大きさによって、日本では表1.1のようにクルマの分類をしています。なお、排気量については、40ページの「シリンダー」の項を参照してください。

表1.1　大きさによる日本のクルマの分類

	全長	全幅	全高	排気量
軽自動車	3.4m以下	1.48m以下	2.0m以下	660cc以下
小型自動車	4.7m以下	1.7m以下	2.0m以下	2000cc以下
普通自動車	小型車より大きいもの※			

※4つの項目のうち1つでも小型自動車の規格からはずれると、普通自動車の分類になります。

ほかに、車両重量と車両総重量というのがあります。

車両重量というのは、燃料、冷却水、オイルを規定量入れてクルマが走れる状態にして、人や荷物、スペアタイヤ、工具を除いたクルマの重量のことです。車両総重量は、車両重量に、［55kg×乗車定員］とそのクルマに認められている最大積載量を足した重さのことです。5人乗りのセダンでは、乗車定員ぶんの重量（55×5＝275kg）のみを足すことになるので、

車両総重量（kg）＝車両重量（kg）＋275kg

という式が成り立ちます。

構造、空気抵抗

クルマのボディには、フレーム構造とモノコック構造の2種類があります。

フレーム構造（frame construction）とは、前後に長い柱を左右に置いて、それに橋を7～8本の架けたようなハシゴ風の土台があり、その土台にサスペンションとエンジンを乗せて、その上に屋根などのついたボディをかぶせています。

これに対して、モノコック構造（monocoque construction）とは、土台から屋根までが一体となったものをいいます。フレーム構造に比べて車両重量を大幅に軽くすることができ、しかも強度も高くなります。現在の普通乗用車のほとんどは、鋼板を用いたモノコック構造によってつくられています。

ところで、クルマはあらゆる「抵抗」との闘いです。エンジンで得たエネルギーもいろいろな抵抗によって浪費され、すべてを運動エネルギーとして使うことはできません。

走り始めると、空気による抵抗（空気抵抗）が発生します。この空気抵抗をいかに少なくするかが、速く走るため、あるいは効率よく走るために重要になってきます。空気抵抗はボディの形状によって左右されます。

剛性が強く、かつ空気抵抗も少ないボディ――したがって取り入れられている技術は航空機と同じレベルです。現在、コンピュータなしではクルマのボディもつくることができません。そして、風洞実験を繰り返して、空気抵抗の少ないクルマの開発に各社がしのぎを削っています。

ここでは、極めてかんたんに空気抵抗について説明します。

クルマが走るとき、前面で空気を押し分け、後面で空気と離脱します。この「押し分け」と「離脱」という2カ所で抵抗が発生します（図1.3、図1.4）。

図1.3　形状による空気抵抗の違い

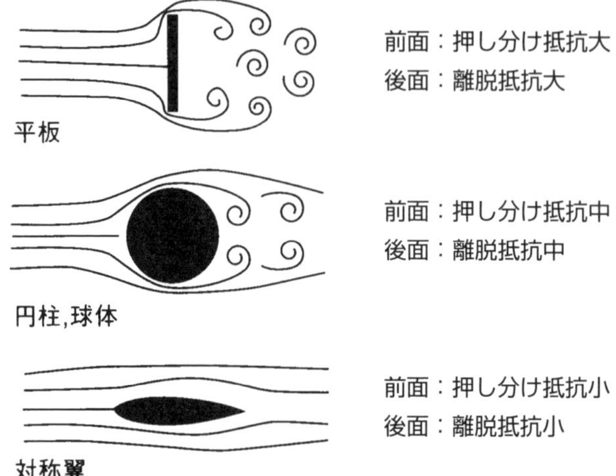

空気抵抗は、平板だと大きく、対称翼だと小さい。後ろで発生している渦は空気抵抗を表している。

図1.4　2つのクルマの形状による空気抵抗の違い

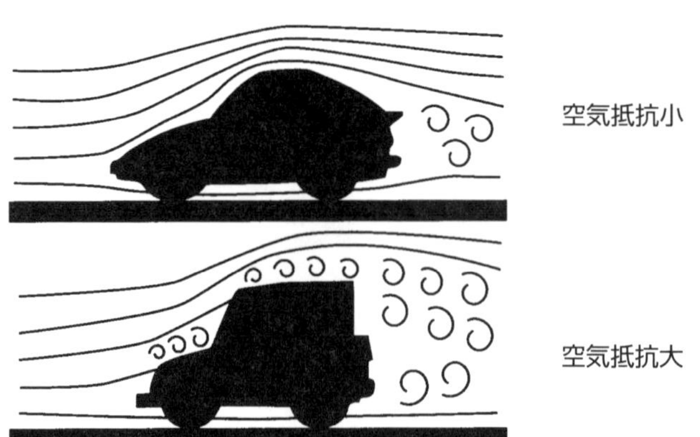

全体的になだらかな曲面をもつ上のクルマのほうが空気抵抗が少ない。

図1.3と図1.4から、空気抵抗を減らすには「なだらかな曲面」が有効であることがわかります。**図1.5**はボディになだらかな曲線をつけて、押し分けと離脱双方の抵抗を減らした例です。

図1.5　空気抵抗を小さくする例

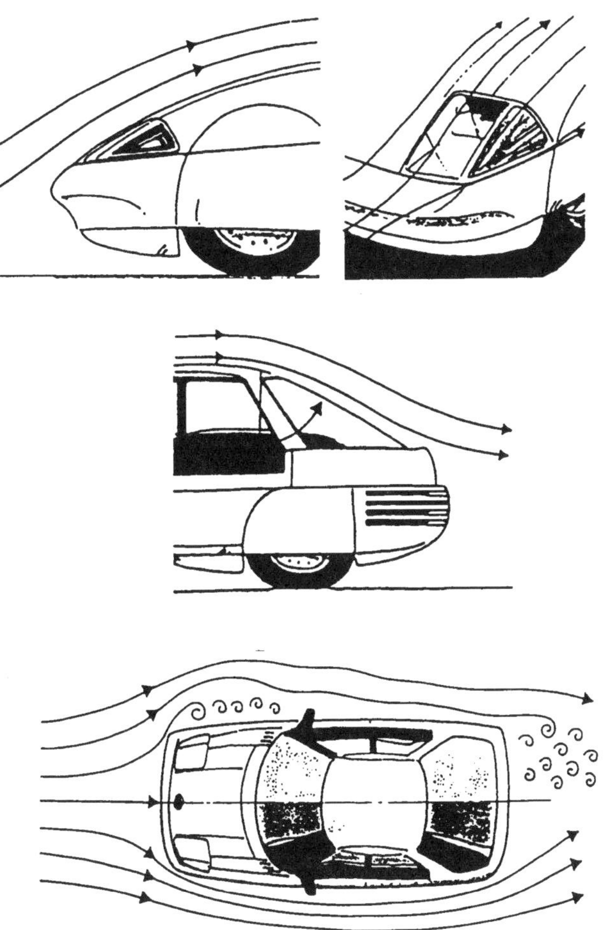

ボディ前面をなだらかな曲面にして空気の押し分けをスムーズにし（上段）、後面の傾斜をなだらかにして空気の離脱を滑らかに行う（中段）。そして車体に丸みを帯びさせ空気離脱時の抵抗（渦の発生）を少なくする（下段）。

実際のクルマでみると、スピードを重視するクルマになるほど、空気抵抗が小さくつくられています（図1.6）。

図1.6　実際のクルマの形状による空気抵抗の違い

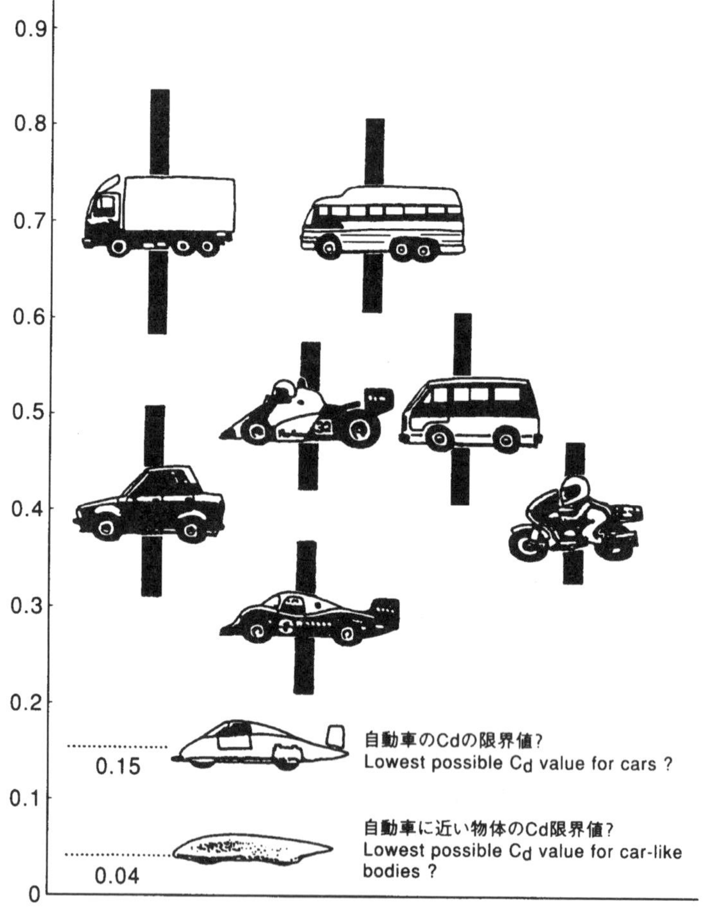

トラックやバスなど正面が平板に近い形状のクルマほど空気抵抗が大きい。

現在クルマのボディには、デザイン、強さ、そして空気抵抗の小ささ、というたくさんの要求を満たすものが求められています。

第2章

エンジン

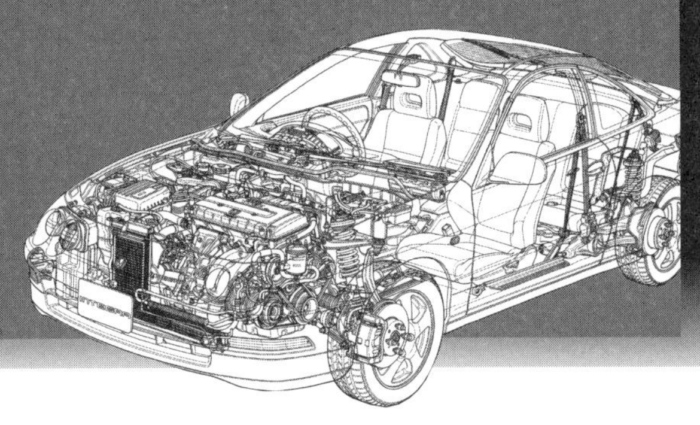

エンジン（engine）の差がクルマの差であると言えるほど、クルマにとってエンジンは重要です。クルマにはいろんな特徴がありますが、なんといってもエンジンに魅力がないと、良いクルマとは言えません。

エンジンは大きく、ガソリンエンジンとディーゼルエンジンの2種類に分けられます。燃料としてガソリンを使うエンジンがガソリンエンジン、軽油を使うエンジンがディーゼルエンジンです。

蒸気機関車とクルマ

エンジンのしくみをかんたんに言うと、燃料を爆発させ、その力でピストンを動かし、クルマを動かす力にしています。ピストンが直線を往復運動して、そこから回転する力を得るというエンジンをレシプロエンジン（reciprocating engine＝直訳で「往復運動エンジン」）と言います。この構造は蒸気機関車の駆動システムと同じです。

蒸気機関車では、シリンダー内に蒸気を送り込んでピストンを動かし、これ以上ピストンが先へ動かないという地点へ達すると、今度は蒸気を送るのをやめてシリンダー内の蒸気を吐き出すようにし、代わりにピストンの反対側に蒸気を送り込んで、逆方向に動かすというしくみです（図2.1）。

蒸気機関車とクルマの違いは、元になる力が蒸気の力か燃料の爆発力かというところにあります。

クルマのエンジンの中では1秒に数十回の爆発が起こっており、そのおかげでタイヤが回りクルマが動いています。エンジンから出た力は、ギヤ（gear）やクラッチ（clutch）あるいはトルクコンバーター（torque converter）を経てタイヤに伝わります（詳細は74ページからの第3章）。ピストンが一往復すると、それがそのままタイヤにつながってタイヤの1回転になるわけではありません。

図2.1　蒸気機関車とクルマの駆動システム

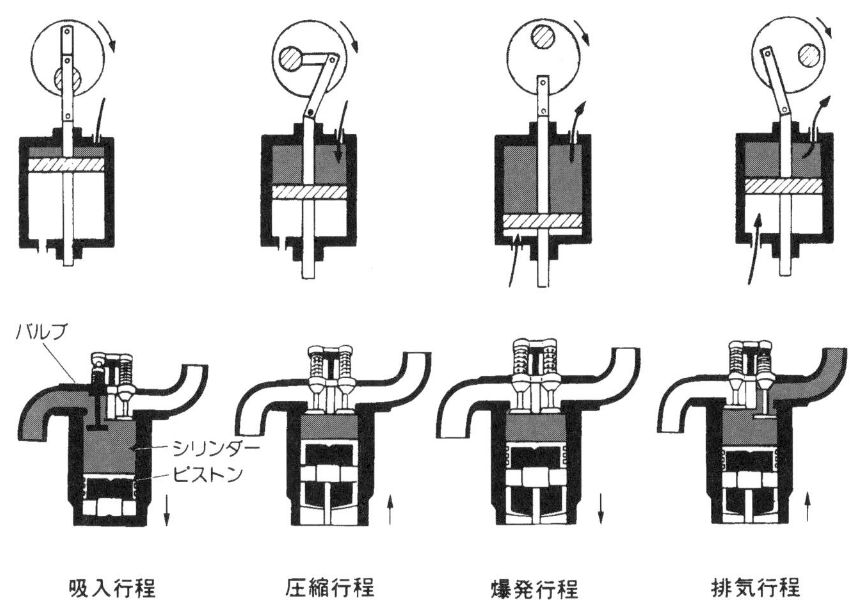

蒸気機関車は，シリンダー内でピストンをはさんで両方から蒸気を出し入れしてピストンを動かしているが，クルマのレシプロエンジンは片側で燃料を爆発させるだけでピストンを往復運動させている。

ガソリンエンジン

ガソリンエンジン（gasoline engine）は、4サイクルエンジン、2サイクルエンジンという2種類のレシプロエンジンと、ロータリーエンジンに大別できます。

どのタイプのエンジンでも、動力を得るためには、まずガソリンを霧状にすることから始まります。そして、霧状ガソリンと空気とを混ぜて混合気（混合ガス：air-fuel mixture）という状態にしてから、エンジン内の燃焼室で火をつけて爆発させます。

ガソリンは酸素があれば液体のままでも火がつきますが、気体にすることにより火がつきやすく、また勢いよく燃えるようになります。空気（酸素）と接する部分が増えるからです。木は丸太状態よりおがくず状態にしたほうが燃えやすい、のと同じことだと思っていただければいいでしょう。

ガソリンと空気を混ぜて混合気をつくるところまでは、すべてのガソリンエンジンに共通です。4サイクルエンジン、2サイクルエンジン、ロータリーエンジンの差は、この混合気をエンジン内に入れてから先のことです。

4サイクルエンジン

レシプロエンジンは、混合気をシリンダー（cylinder＝気筒）内の燃焼室で爆発させ、ピストンの往復運動をクランクシャフト（crankshaft＝クランクの軸）を介して回転運動に変えています（これは4サイクルエンジンも2サイクルエンジンも同じです）。

4サイクルエンジン（four-stroke engine）は、1回の爆発でピストンが2往復します。つまり片道が4回ということで4サイクルです。

エンジンには

吸入 → 圧縮 → 爆発 → 排気

の4つの行程があります（図2.2）。4サイクルエンジンではこの4つがきちんと分けられ、1つの行程のたびにピストン（piston）が片道を動く構造になっています。4つの行程が終了するとピストンが2往復、つまり1回の爆発で2往復＝クランクシャフトが2回転するのです。

① バルブ（valve＝弁）を開いて混合気を吸入するとき、ピストンが下がり：吸入
② バルブが閉まり密閉状態で混合気を圧縮するため、ピストンが上がり：圧縮
③ スパークプラグ（spark plug＝点火プラグ）から火花が出て混合気の爆発の勢いで、ピストンが下がり：爆発
④ 燃えかすとなったガス（排ガス：exhaust gas）を排出するためにバルブが開き、ピストンが上がる：排気

この①～④のあいだに、ピストンが2往復しているのがわかります。

図2.2　4サイクルエンジンの行程

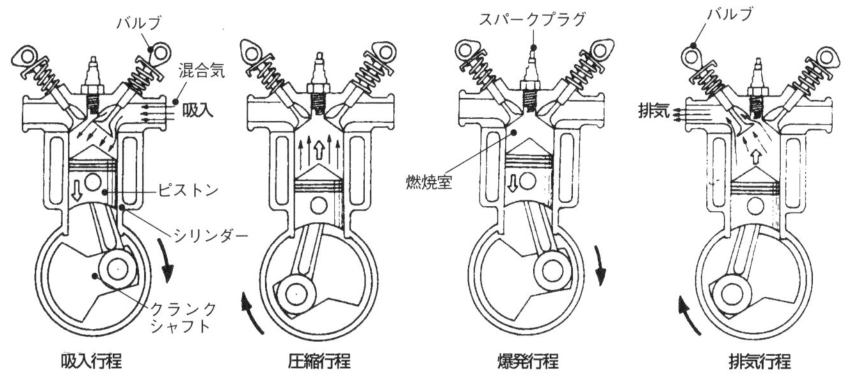

4サイクルエンジンでは，吸入→圧縮→爆発→排気の4つの行程が順番に1つずつ明確に分けて実行されている。

吸入と排気のときにバルブという言葉が出てきましたが、これは4サイクルエンジンにのみ使われている部品です（43ページ参照）。

なお、①と③で「これ以上ピストンが下がらない」点を下死点といい、②と④で「これ以上ピストンが上がらない」点を上死点といいます。

2サイクルエンジン

2サイクルエンジン（two-stroke engine）も、ピストンの往復運動をクランクシャフトを介して回転運動に換えるという点では、4サイクルエンジンと同様です。しかし2サイクルエンジンは、吸入と排気が同時に行われ、しかも圧縮しているときに吸入が行われるなど、4つの行程が明確に分けられていません。

① 吸入と同時に、前段階で吸入しておいた混合気を圧縮するため、ピストンが上がり：吸入圧縮

② スパークプラグから火花が出て混合気が爆発して、ピストンが下がり：爆発

③ さらに下がると、①で吸入した混合気が入ってくると同時に排気口が開き、新しい

混合気に押し出される形で燃えカスが排出される：掃気

ここまででピストンは1往復。片道が2回ということで2サイクルの間に①〜③がくり返されます（図2.3）。

図2.3　2サイクルエンジンの行程

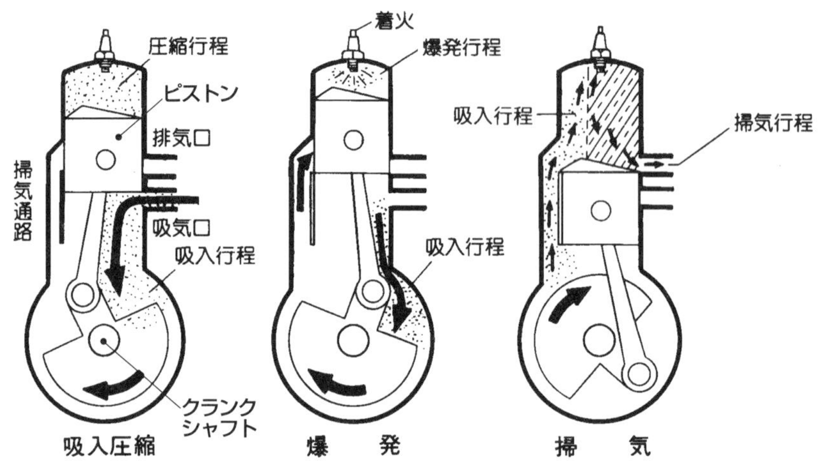

2サイクルエンジンでは、4サイクルエンジンとは異なり、4つの行程が明確に分けられていない。吸入と圧縮が同時に行われ、燃料を爆発させて、混合気を燃焼室に入れることによって掃気を行う。

③で、混合気と燃焼済みガスがいっしょになるときがあります。混合気が入ってくることで、燃えカスが押し出される形で排気される構造をしています。また、2サイクルエンジンには、バルブがありません。シリンダー内を動くピストンが吸入口・排気口の役割を担っているから必要ないのです。

2サイクルエンジンは、小さなクルマやオートバイなどに採用されています。

ロータリーエンジン

ロータリーエンジン（rotary engine＝回転式エンジン）は、4サイクルエンジンや2

サイクルエンジンとは全く別の発想から生まれました。

4サイクルエンジンも2サイクルエンジンも、シリンダー内のピストンの往復運動を回転運動に変えるため、その際エネルギーが失われてしまうという欠点があります。ならば、ガソリンを爆発させて得られる力をそのまま回転運動の力にしてしまえば効率的ではないか、という発想でロータリーエンジンが開発されました。

ロータリーエンジンは、バルブ、シリンダー、ピストンといった機構がありません（図2.4）。正三角形の三辺をふくらませた形のローターと、エンジン内部の壁との間にできるすき間を燃焼室として、ガソリンを爆発させ、その力でローター（rotor＝回転子）を回転させます。

ロータリーエンジンも4サイクルエンジンのように、

吸入 → 圧縮 → 爆発 → 排気

の4つの行程に分かれています。ローターが1回転すると4行程すべてが完了するのですが、三角形の3つの辺すべてで、この4行程が行われることになります（図2.5）。つまり、爆発1回で1/3回転です。ちなみに、2サイクルエンジンは爆発1回で1回転、4サイクルエンジンは爆発1回で2回転です。

図2.4　ロータリーエンジン

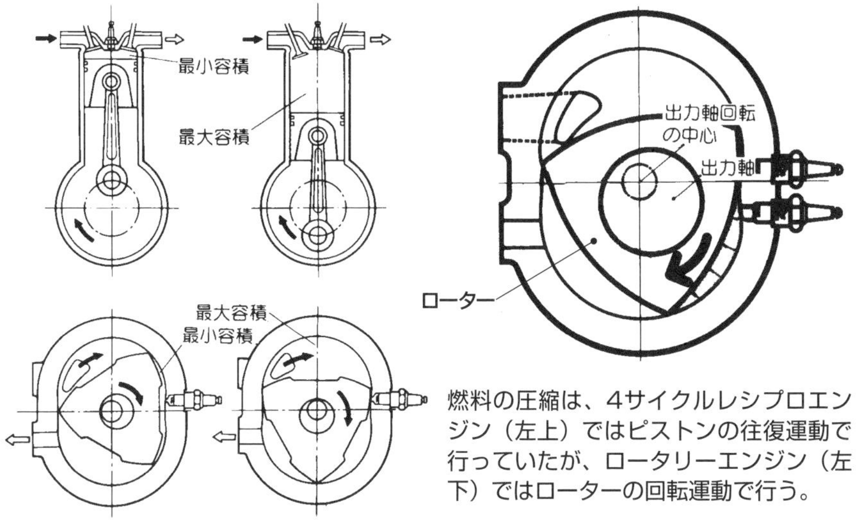

燃料の圧縮は、4サイクルレシプロエンジン（左上）ではピストンの往復運動で行っていたが、ロータリーエンジン（左下）ではローターの回転運動で行う。

図2.5　ロータリーエンジンの作動順序

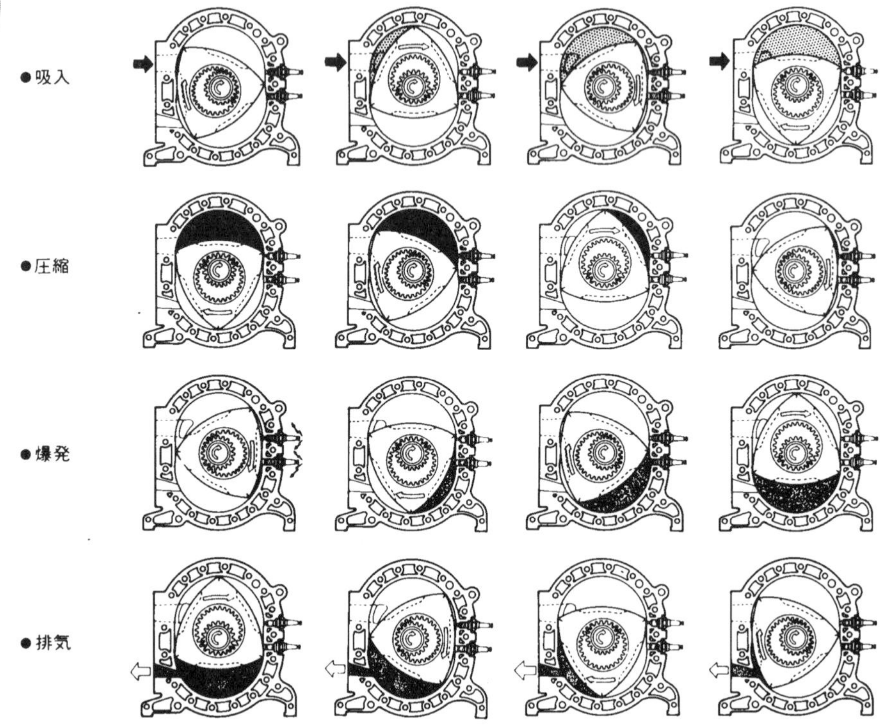

3カ所で行程が同時進行しているので、常に吸入、圧縮、爆発、排気のうちどれか3つが必ず行われている。

ディーゼルエンジン

燃料に軽油を使うディーゼルエンジン（diesel engine）と、ガソリンエンジンとの構造上の大きな違いは、スパークプラグの有無にあります。ディーゼルエンジンにはスパークプラグがありません。

軽油とガソリンには、表のように引火点と着火点に大きな違いがあります。

	ガソリン	軽　油
引火点	−46〜−35℃	40〜100℃
着火点	約500℃	約350℃

引火点とは炎を近づけたとき火がつく最低の温度、着火点とは炎を近づけなくても自然に燃え始める温度のことです。軽油はガソリンと異なり、40℃未満の環境下であれば炎を近づけても燃えないので安全性が高く、しかし、燃料そのものの温度を上げると、ガソリンよりも低い温度で発火するという特徴があります。

ディーゼルエンジンは、着火点がガソリンの約500℃と比べて150℃も低い、約350℃という軽油の特徴を利用しています。ガソリンエンジンが火をつけて爆発させているのに対して、ディーゼルエンジンは自ら爆発するようにしむけているのです。ですから、エンジンそのものとして考えれば、ディーゼルエンジンはとてもすぐれていると言えます。

4サイクルディーゼルエンジンを例に取って、もう少し詳しくみてみましょう。

①吸入→②圧縮→③爆発→④排気

という4行程があるのはガソリンエンジンと同じです。

ただ、①のときに吸い込むのは混合気ではなく普通の空気です。そして③のときスパークプラグで点火はせず、そのときに軽油を霧状にして噴射します。4行程の詳細は以下のとおりになります（図2.6）。

① **バルブを開いて空気を吸入するとき、ピストンが下がり：吸入**

② **バルブが閉まり密閉状態で空気を圧縮するため、ピストンが上がり：圧縮**

③ **燃料を噴射して爆発の勢いで、ピストンが下がり：爆発**

④ **燃えかすとなったガスを排出するためにバルブが開き、ピストンが下がる：排気**

じつは、空気を圧縮すると、密度が小さくなると同時に高温になるという性質があります。②の行程で圧縮された空気は温度も高くなっているので、そこへ軽油を入れれば、ガソリンに比べて着火点の低い軽油は自ら爆発してくれるのです。だから、ディーゼルエンジンにスパークプラグは必要ないのです。

図2.6　ディーゼルエンジンの行程

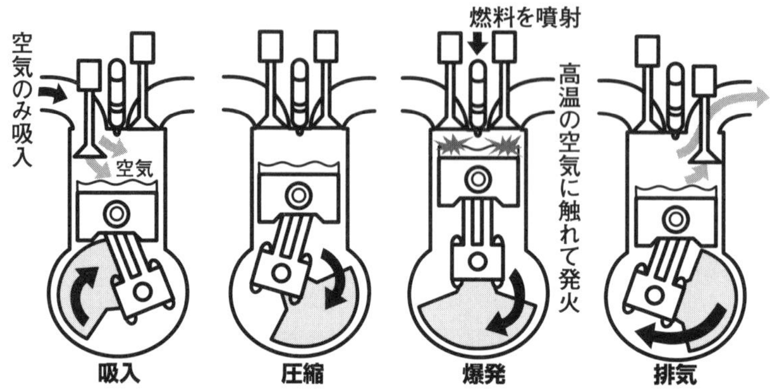

ガソリンエンジンと行程そのものに大きな差はないが、混合気を入れずに空気を入れ、燃焼室に軽油を直接噴射して、自然発火させるという点が異なる。

また、あらかじめ軽油と空気を混ぜた混合気を入れないのは、②の圧縮途中で爆発してしまわないようにするためです。シリンダー内の空気が最も圧縮されたところで爆発するように、ピストンが最も近づいた地点で軽油を噴射しているのです(図2.7)。

図2.7　ガソリンエンジンとディーゼルエンジンの違い

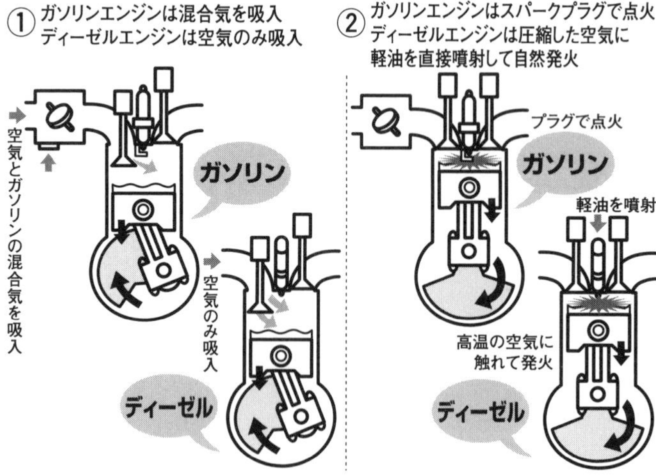

日本では軽油が安く、燃費も良いので、ディーゼル車は業務用トラックを中心に売れています。しかしアメリカ合衆国では軽油とガソリンの値段が同じくらいなので、ディーゼル車は売れません。お国事情によって違いが現れています。

ディーゼルエンジンから出るススは粒子状物質と呼ばれ、病気や公害の原因物質として問題になっていますが、ディーゼル微粒子除去装置（DPF：Diesel Particulate Filter）を装着することで、排ガスもきれいになりつつあります（52ページ参照）。

余談ですが、ガソリンエンジンはガソリンで動くエンジン、ディーゼルエンジンは軽油で動くエンジン、ということから「軽油＝ディーゼル」と思っている人もいるかもしれませんが、残念ながら「軽油≠ディーゼル」です。ディーゼルとは、ディーゼル機関を発明したドイツの技術者ルドルフ・ディーゼル（Rudolf Diesel, 1858～1913）の名前からきています。

また、ロータリーエンジンは日本で発明されたものではなく、イタリアで生まれた技術です。しかし、実用にはほど遠い代物で、それを完成させたのがマツダです。

燃焼室

ここから先は、最も普及しているガソリンエンジンのうち、4サイクルエンジンについて解説してゆきます。

エンジン本体を分解すると、シリンダーブロック（cylinder block）のほかに、シリンダーヘッド（cylinder head）、ピストン、カム、クランクシャフトなどの部品が出てきます。シリンダーブロックの内側であるシリンダー（cylinder＝気筒）で、燃料を爆発させることでクルマが動くのですから、エンジンの本体はシリンダーブロックであると言えるかもしれません（図2.8）。

シリンダー

現在のクルマのエンジンには、シリンダーがいくつかついています。シリンダーブロックの内側の部分です。ここまで、燃料を爆発させていかにして回転する力を得ているかを、シリンダー1つを例に取り詳しく説明しましたが、実際のクルマには1つのエンジンにシリンダーが数個ついており、交互に燃料を爆発させピストンを動かし、回転する力を得ているのです。シリンダーが複数個あるとエンジンが力強くなるのはもちろんですが、利点はそれだけではありません。

図2.8 シリンダーブロック（直列4気筒；トヨタ2E）

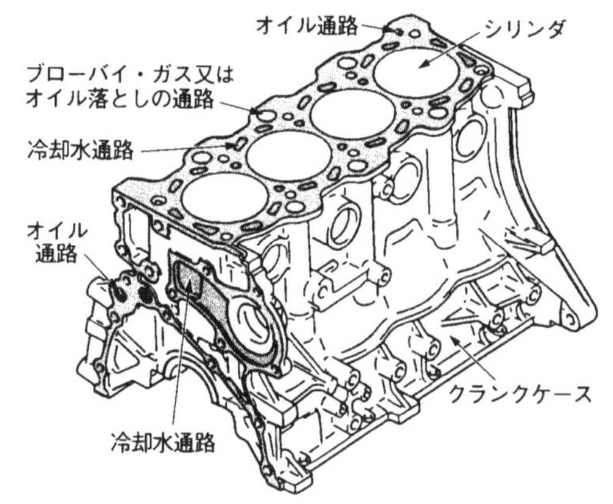

アルミニウム合金でできているものが多い。

ピストンは吸入→圧縮→爆発→排気の4行程のうち、爆発時のみ力を受けて動いていますが、残りの3行程は爆発時の勢いの惰性で動いているのです。そのためシリンダーが1つしかない場合、スムーズには動かず、爆発のたびに強い振動が発生します。シリンダーを増やすことは、爆発の力を均等に得ることにも役立っているのです。

たとえば、1つのエンジンにA～Dの4つのシリンダーがついているとすると、それらを、

A：吸入→圧縮→爆発→排気→吸入→圧縮→爆発……

B：　　　吸入→圧縮→爆発→排気→吸入→圧縮……

C：　　　　　　　吸入→圧縮→爆発→排気→吸入……

D：　　　　　　　　　　吸入→圧縮→爆発→排気……

というふうにタイミングをずらして爆発させ、クランクシャフト（crankshaft）で1本につなげれば、常に爆発の力を得ることができます。

エンジンはシリンダーの数や並び方によって異なった呼び名がつけられています。

直列…………シリンダーが1列に並んだもの

V型…………　〃　　2列でV型に並んだもの

水平対向……　〃　　2列で水平に並んだもの

4気筒、6気筒、8気筒とは、シリンダーの数を表します。つまり「直列6気筒」（「直6」などと略されます）といえば、垂直に立っているシリンダーが一列に並んだ細長いエンジン、「V型6気筒エンジン」（V6）だったら、シリンダーが3つずつ二列にV字の形になるよう角度を持って並んだエンジンです。直6エンジンをクルマの前部に搭載するには、ボンネット（engine hood もしくは bonnet）が縦に長いクルマになります。V6は直6に比べてエンジンの長さが短く、かつ高さも低いのですが、幅が広くなります（図2.9）。

図2.9　シリンダーの配置別名称

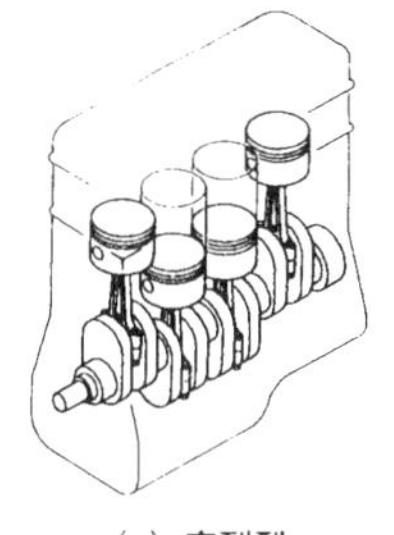

(a) 直列型

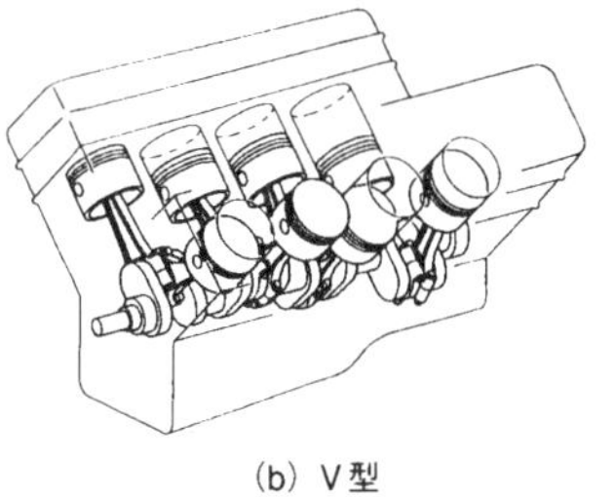

(b) V型

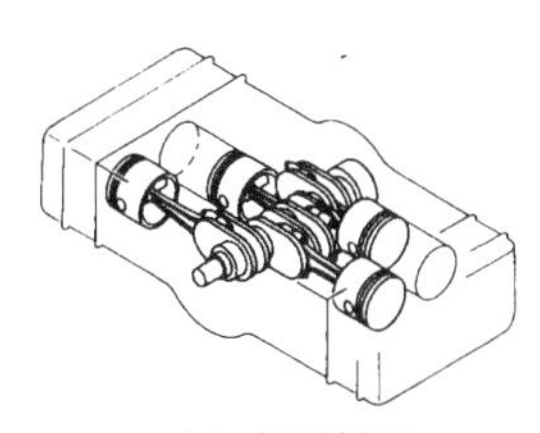

(c) 水平対向型

今、クルマ全体の重量バランスの見地からも、エンジンを小さくコンパクトにまとめる傾向になっていますので、直6は少なくV6が主流です。しかし直6エンジンは、三次元空間での前後左右上下というすべての方向の揺れを、互いにうまく打ち消し合うと言われており、どこかの方向の揺れが残ってしまうV6に比べて、振動が少ないという特長があります。

シリンダーの数を多くすれば、爆発が連続して起こるので回転がなめらかになります。振動も少なくかつ力強くなりますので、高級車になるほど多気筒エンジンになる傾向があります。軽自動車で2～3気筒、排気量が1000ccクラスのクルマで3～4気筒、1000～3000ccで4～6気筒、3000cc以上になると6気筒以上、なかには12気筒というエンジンもあります。

この排気量という言葉ですが、シリンダーの容積（ピストンが下死点にあるときの容積と上死点にあるときの容積の差）を表します（図2.10）。

図2.10　上死点と下死点、排気量

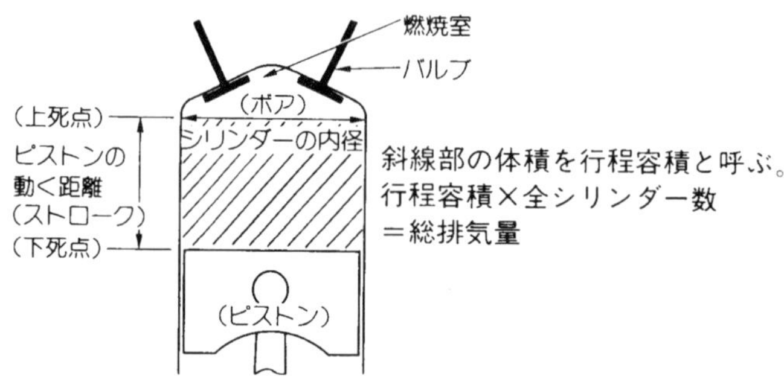

ピストンが下死点にあるときの容積から上死点にあるときの容積の差が、吸入できる空気（混合気）の量であり、すなわち排気量である。

1つのエンジンの排気量は、1つのシリンダーの容積とシリンダー数をかけた数値をccもしくはリットルで表します（1cc＝1cm^3、1リットル＝1000cc）。2000ccの4気筒エンジンだと、シリンダー1つの容積は約500ccになります（一般に2000ccと言われているクルマは、排気量が正確に2000ccではなく1995ccなど若干少ない値になっています）。

排気量が多いほどエンジンが力強く、高性能なクルマであるといえます。

バルブとカム

シリンダー内でピストンが往復する際、吸気・排気をするために、バルブが開閉します。そのバルブを開けるのがカムです。

卵を細長い方向から見た形をしたものがカムで、カムシャフトの回転とともに回ります。カムが回転することで、バルブが開きます。バルブは、カムに押されてシリンダーの中に沈み込んだとき、開いた状態になります（図2.11）。シリンダー内の空気の流れは一方通行です。入口と出口は別なので、吸気用と排気用それぞれべつの通り道がなければなりません。よって1つのシリンダーにバルブは2つ以上ついています。

図2.11　カムとカムシャフトの関係

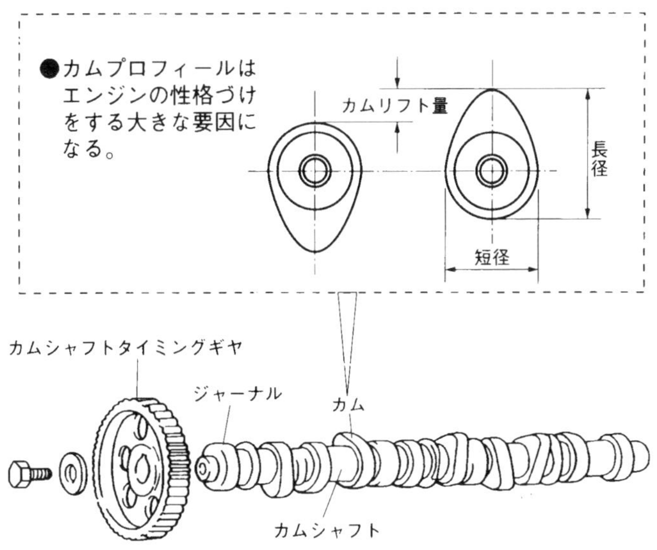

カムはカムシャフトについており、カムシャフトはカムシャフトタイミングギヤといっしょに回転する。

カムの開閉機構には、現在のクルマのほとんどがSOHCかDOHCのどちらかを採用しています。

SOHC（Single Overhead Camshaft engine）は、吸気と排気のバルブを開くためのカムシャフト（camshaft＝カムの軸）を1本でまかなっているものです。1本の軸についたカムを回転させ、吸気側のバルブを開き、次に排気側のバルブを開きます。なお、バルブを閉じるのはスプリングの力によるので、カムが離れれば自動的にバルブは閉じられます。

これに対してDOHC（Double Overhead Camshaft engine）は、吸気のバルブと排気のバルブをべつの軸、つまり2本の独立したカムシャフトで扱っているものです。ツインカム（twin cam）とも呼ばれます（図2.12）。

図2.12　SOHCとDOHCの比較

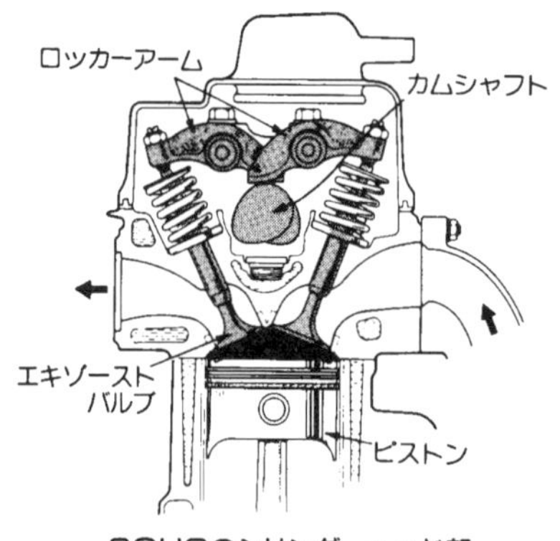

SOHCのシリンダーヘッド部

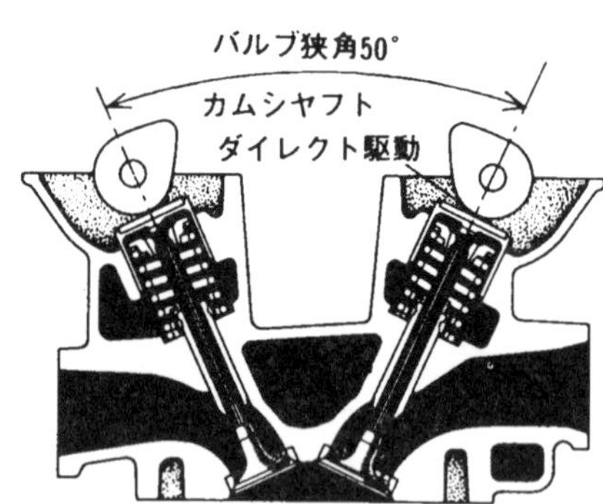

DOHCのシリンダーヘッド部

SOHCでは1本のカムシャフトに吸気側と排気側両方のバルブ開閉用カムがついているが、DOHCでは吸気側と排気側のカムを2本の独立したカムシャフトで回転させて開閉している。

カムシャフトを2本にすると、どんな利点があるのでしょうか？　カムシャフトをバルブ軸の付近に配置できるため、直接バルブリフタを動かすダイレクト駆動化や、ロッカーアームを介する場合でもアーム長を短くすることができ、バルブ駆動関連部品の高速回転が可能となります。

さらに吸気と排気のカムシャフトが独立しているので、バルブの位置を自由に変えられます。SOHCでは1本のカムシャフトについているカムによって、2つのバルブを開かなければならないので、吸気口と排気口双方の位置・角度に制限が生じます。しかし、カムシャフトが2本独立していれば、吸気口と排気口を離すことができ、燃焼が効率的に行われるような形をつくることができます。

そして、カムシャフトを2本にすることでバルブも変わりました。数を増やすことができるようになったのです。

シリンダー内でピストンが激しく往復運動するのに伴い、空気も激しく出入りをくり返します。シリンダーの断面積は丸（円形）で、バルブの断面積も円形です。吸入口と排気口が1つずつの2バルブより、吸入口が2つで排気口が1つの3バルブや、吸入口と排気口がともに2つずつの4バルブのほうが出入り口が大きくなり、空気の出入りを短時間で行うことが可能になります（図2.13）。

一部の特殊なエンジンでは、吸入口が3つで排気口が2つの5バルブが採用されています。

図2.13　バルブの個数と面積の関係

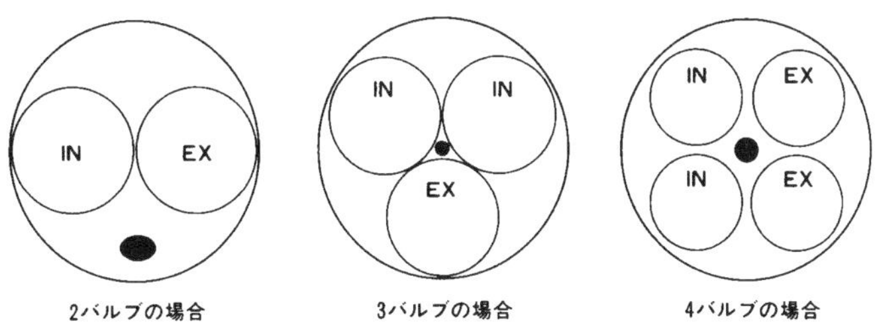

バルブの数が多いほど、混合気（もしくは排気）の出入口の断面積が大きくなり、短時間で入れ替えを行える。またスパークプラグを中心に置くことができる。ただし現在、3バルブはほとんど採用されていない。

バルブの数を増やすと、1つひとつのバルブの直径が小さくなるので、バルブそのものを軽くすることができ、より速い動きに対応できます。

そして、スパークプラグを円の中心位置、ちょうど真ん中に置くことができます。ガソリンを一気に爆発させるためにも、スパークプラグがシリンダーを真上から見たときちょうど真ん中にあるのは理想的です。

現在市販されているクルマのほとんどが、カムが2つついているDOHCです。チラシに“DOHC”という文字があって、それを大きな長所として宣伝していても、じつはさほど大きな“売り”ではないというのが本当のところです。

■ ピストン

シリンダーの中を高速に往復運動しているのが、ピストンです。

ピストンは、エンジンで行われる4行程「吸入→圧縮→爆発→排気」のうち、吸気・圧縮・排気の役割も担っています。

ピストンが下死点から上死点に移動したときの、シリンダー内の容積の変化の割合を圧縮比と呼んでいます（図2.14）。

圧縮比＝［ピストンが下死点にあるときのシリンダーの容積］÷［ピストンが上死点にあるときのシリンダーの容積］

つまり、どれだけ混合気を圧縮できるかを表す数値です。8～10（倍）が一般的な圧縮比の値です。この値が高ければ、爆発したときの膨張比がより大きくなり、燃費や出力も向上します。

ところが、圧縮比が高いとノッキング（knocking）が起こりやすくなるという欠点も出てきます。ノッキング防止のために、ハイオクタン価のガソリンが必要になるなど、圧縮比が高ければいいというものでもありません（70ページ参照）。

図2.14　圧縮比

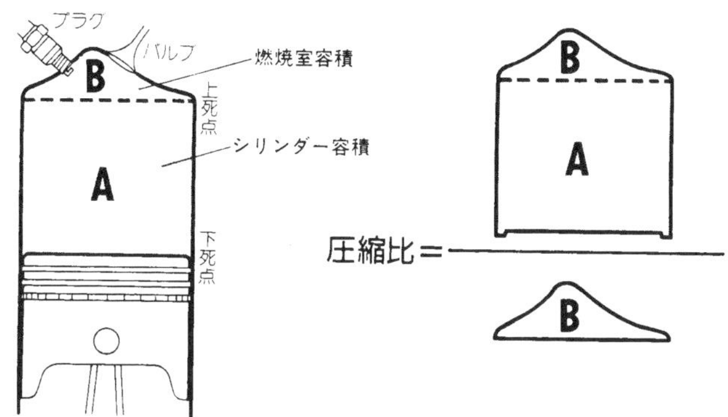

取り入れた混合気をどれだけ圧縮するかを表す数値。逆数なので、値が大きければ大きいほど、小さな体積に圧縮することを示す。

ピストンは、混合気などガスが漏れないようシリンダーにピッタリ収まっていなければなりませんが、往復運動の際に摩擦が起きて、エネルギーが失われたりエンジンが破損しないよう、なめらかに動くようにもなっていなければなりません。すき間なく、なめらかに。この、ともすれば相反する2つの要求を満たすために、ピストンリング (piston ring) という部品がつけられています (図2.15)。

図2.15　ピストンとピストンリング

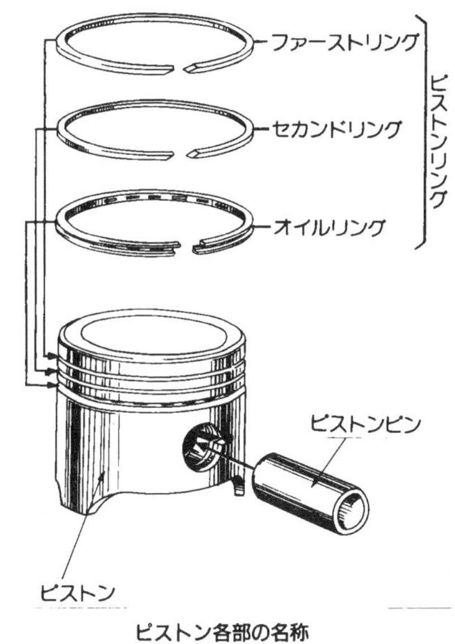

ピストン各部の名称

ガスが漏れないように、なおかつピストンがなめらかに動くように。ピストンリングはこの矛盾した要望を満たす働きをしている。

ピストンそのものは、シリンダーの内径より小さいサイズでつくられています。しかし、それをそのまま往復運動させただけでは、すき間から混合気が漏れて圧縮できませんし、また、燃料を爆発させたときもガスが漏れて、ピストンが勢いよく動きません。ピストンが勢いよく動かないということは、タイヤを動かす力も弱くなるということです。

そこで、ピストン上部にシリンダーの壁にピッタリサイズのピストンリングをつけ、それによって密閉させています。密閉のためにつけているピストンリングを、コンプレッションリング（compression ring；compression＝圧縮）といいます。コンプレッションリングの下につけているオイルリング（oil-control ring）は、オイルをシリンダー内に塗り、ピストンがなめらかに動くようにしています（図2.16）。

図2.16　コンプレッションリングとオイルリング

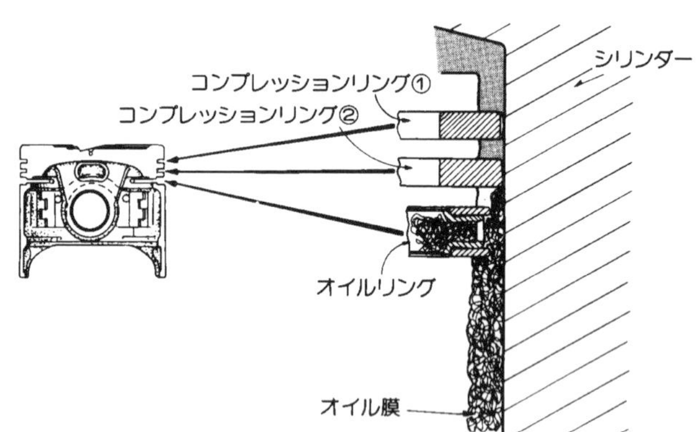

オイルリングはオイルを塗り、コンプレッションリングが密閉する。

フライホール

ピストンの往復運動は、コネクティングロッド（conecting rod；略称コンロッド<con-rod>）を介してクランクシャフトに伝えられ、回転運動に変えられます。

多気筒のエンジンでは、クランクシャフトがいくつか並んでおり、その端にはフライホイール（flywheel：はずみ車）がついています。フライホイールとは、直径の大きな重い円盤のことです（図2.17）。

40ページでも説明しましたが、エンジンは4行程のうち、爆発時とその他3行程との差により、元々動きがなめらかではありません。そこで、クランクシャフトと連動してこの重い円盤を回すことで、爆発時の急激な振動を少なくして、エンジンの回転をなめらかにしています。

図2.17　フライホイールとクランクシャフト

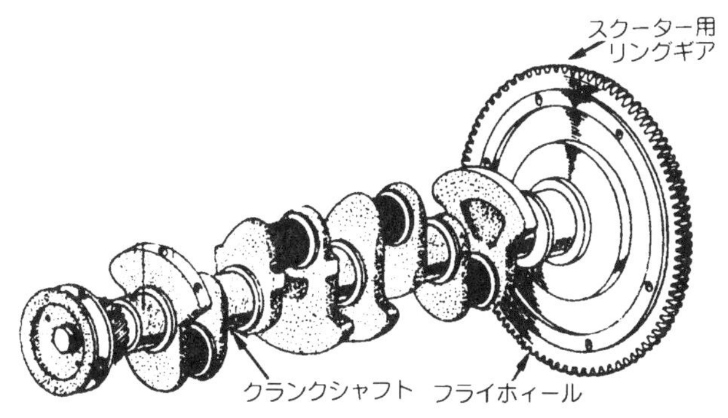

フライホイールという直径の大きい円盤を回すことで、滑らかな回転を実現している。

CD（Compact Disc）やDVD（Digital Versatile Disk）全盛となった今では、ご存じの人も少なくなってしまいましたが、昔のレコード（アナログ盤）プレーヤーのターンテーブルも、周囲を重くして弱い力では回転しにくくしてありました。しかし一度回ると止めるのにも大きな力が必要になり、おかげで家庭内でのわずかな電圧変化の影響を受けることなく、一定の速さでレコードが回りつづけることができたのです。フライホイールも同じ理屈です。

また、フライホイールはスターターモーター（starter motor）とつながっています。エンジンは、クルマのキー（key：鍵）をひねってフライホイールを回すことによって始動します。

吸気、点火、排気

エンジンは、ガソリンを空気と混ぜることで最も効率よく燃焼させています。あまり取り上げられませんが、空気を吸って出す、クルマの場合この吸気と排気にもきちんとした対策が取られています。

エアクリーナー

空気中にはチリやホコリがたくさん含まれています。それらを吸い込んでそのままエンジンに入れると、シリンダー内部が傷つきます。チリやホコリが紙ヤスリの粒のように、ピストンが往復運動するたびに、シリンダーの内壁をけずってゆくのです。

そのまま進行すると機密性が悪くなり、燃焼ガスが漏れることにつながります。

そのため、吸気の場合、エアクリーナー（air cleaner）という空気清浄機を通してからエンジンに入れています。

エアクリーナーの構造は、ろ紙に空気を通して、チリ・ホコリを除去するという方式が最も一般的です。

触媒コンバーター、マフラー

ずいぶん昔のこと、まだ大気汚染などという言葉が世間に認知されていないときのこと、クルマから出る燃焼後の排ガスは、そのまま外に放出されていました。排ガスの通る管には、消音器（マフラー：muffler）がついている程度だったのです。

しかしクルマの数が増え、排ガスが大気汚染の主たる原因となったため、現在では可能な限り大気を汚さないように処理したうえで放出しています。それが触媒コンバーター（catalytic converter；converter＝変換器）です（図2.18）。

図2.18　触媒コンバーター

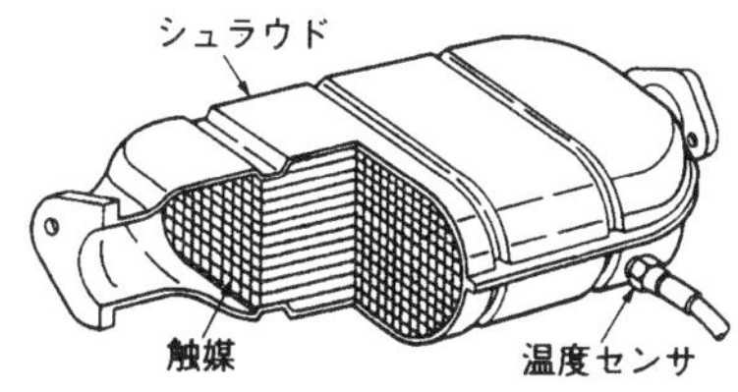

ガソリンは、炭素（元素記号＝C）と水素（元素記号＝H）からできている炭化水素です。完全に燃やすと炭素と水素に酸素（元素記号＝O）がくっつき、それぞれ二酸化炭素（CO_2）と水（H_2O）となります。この2つしか発生しないのですが、実際はそううまくゆきません。不完全燃焼すると一酸化炭素（CO）ができてしまいます。また、空気中の80%を占める窒素と酸素がくっついて、窒素酸化物（NOx＝ノックス）という物質が生まれます。窒素酸化物とは、一酸化窒素（NO）、二酸化窒素（NO_2）、四酸化二窒素（N_2O_4）の総称です。この窒素酸化物は、ガソリンが高圧力のシリンダー内で燃えると、どうしてもできてしまうやっかいものなのです。

これら一酸化炭素や窒素酸化物などの有害物質を除去するために、触媒コンバーターがあります。除去すると書きましたが、正確には化学反応を起こしてべつの物質に変えるのです。

一酸化炭素も窒素酸化物も化合物ですので、触媒を通すことによって化学反応を起こさせ、窒素酸化物は窒素と酸素に、また一酸化炭素は酸素原子を1つもらって二酸化炭素に変えるのです。その結果、触媒コンバーター通過後の排ガスは水、二酸化炭素、窒素だけに変わります。

触媒コンバーターは、白金（プラチナ；Pt）やロジウム（Rh）を用いた三元触媒を使っています。触媒とは、それ自身は変化しないものの、それに触れた他の物質の化学変化を促進する物質のことを言います。エンジンから出た一酸化炭素や窒素酸化物は、白金やロジウムによって化学変化が進み、二酸化炭素や窒素に変化するのです。

触媒コンバーターを通ったあと、排ガスはマフラーに入り、気圧と温度を下げ、音を静かにして外へ出てゆきます。

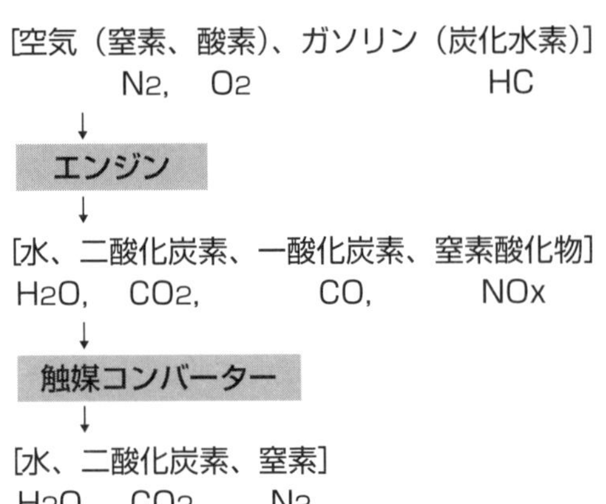

■ DPF（ディーゼル微粒子除去装置）

クルマから排出されるガスは、ガソリン車よりディーゼル車のほうが問題となっています。軽油にはイオウ（S）も含まれており、イオウ酸化物（SOx）も排ガスとして出てきます。とくに黒い細かい粒子のススは、粒子状物質（PM：Particle Matter）と呼ばれ、病気や公害の原因物質としてやり玉に挙げられています。

三元触媒を使っても、主成分が炭素である粒子状物質を、化学反応を起こさせて完全に除去することはできません。

そこで考え出されたのがDPF（Diesel Particulate Filter）、ディーゼル微粒子除去装置です。セラミックスフィルター等で排ガスをろ過してスス（炭素）を集め、それを燃焼させて、二酸化炭素に変えて外に出すしくみです。

いま、クルマの排気ガスはきれいです。「クルマはコスモクリーナー（宇宙浄化装置）だ」とクルマメーカーの関係者が言うのも、あながち冗談ではなくなりつつあります。

■ ガソリン気化

ガソリンを気化してエンジンに取り入れるしくみを見てみましょう。

昔のクルマでは、ガソリンの気化にキャブレター（carburettor＝気化器）を使っていました。キャブレターは、霧吹きの原理で空気の吹き出し口にガソリンを持ってきて、空気が通るときいっしょにガソリンも細かい粒子にして送り出すというものです（図2.19）。

キャブレターは電気的なしくみがなく、単純な構造なのにきちんとガソリンと空気を混ぜることができたので、長い間どのクルマにも使われていました。しかし、これでは空気とガソリンの比率の微妙な調整ができないという弱点があり、現在はほとんど採用されていません。キャブレターの代わりに登場したのが、フューエルインジェクション（fuel injection：燃料噴射）です。

フューエルインジェクションは、空気の入ってくる量とそれに混ぜるガソリンの量を、コンピュータで制御します。必要な分量の空気とそれに見合った量のガソリンを、必要なときにエンジンに送るというものです。

図2.19　キャブレターの原理

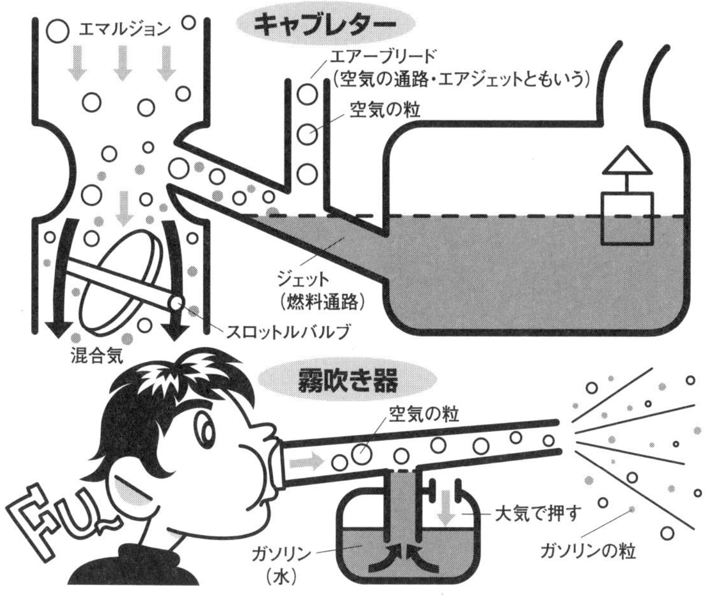

キャブレターは電気的なしくみが一切なく、霧吹きの原理を利用している。

混合気の濃度は、ガソリンの重さ1に対して空気の重さ14.7という比が理想と言われています。これを理論空燃比といいます。しかし、この理論空燃比1：14.7という値は、時と場合によって異なります。

たとえばエンジンに負荷がかかる始動時は、ガソリンの重さ1に対して空気の重さ5と、ガソリンの濃度が濃いほうがよかったりするのです（図2.20）。それらさまざまな場面に応じて、最も理想的な混合気をつくり出してくれるのが、フューエルインジェクションです。

図2.20　空気とガソリンの混合比

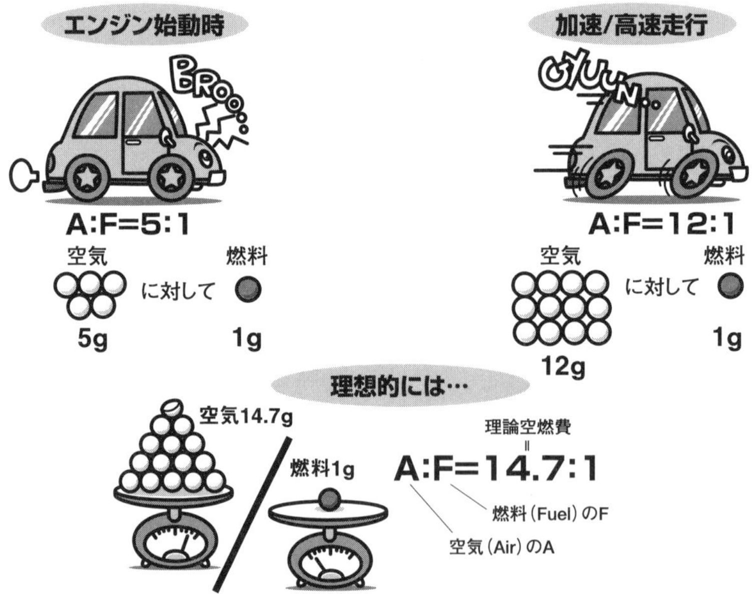

理論的な混合比は空気：ガソリン＝14.7：1だが、始動時や加速時など、場合によって最適な混合気の濃度は変わる。

キャブレターは、エンジンが空気を吸い込むときにいっしょにガソリンも吸うしくみですが、フューエルインジェクションは、インジェクター（fuel injector：燃料噴射器）という機械でガソリンを気化して、管を通る空気の中に噴射してやります（図2.21）。

入ってきた空気の量をセンサーで感知して、その情報をコンピュータに送り、その時点でのクルマの速度等の状態を把握したうえで、瞬時に適量のガソリン量を算出して、インジェクターに「○○の分量を噴射せよ」との信号を送るのです。

先ほど述べた、混合気の理論空燃比が1：14.7というのは、両者が反応するのに互いの分子がちょうど過不足ない個数である状態です。この状態だとガソリンの不完全燃焼も少なく、触媒コンバーターの効果も大きく、排気はクリーンなものになります。

図2.21　フューエルインジェクションのシステム例

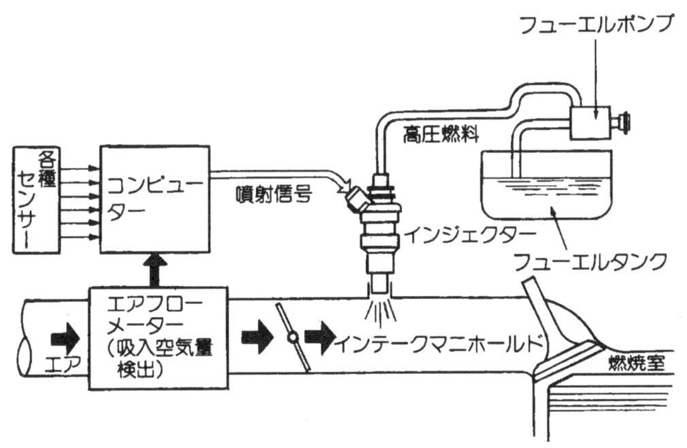

空気の量に合わせて適量のガソリンをコンピュータが瞬時に計算し噴射する。

一定の速度で走っている場合などは、エンジンに特別な負荷はありません。その場合、理論空燃比よりさらにガソリンの濃度を薄くして燃焼させるというリーンバーン（lean burn：希薄燃焼）という技術もありますが、それについては154ページからの第7章で解説します。

スパークプラグ

圧縮した混合気に火をつけるのは、スパークプラグ（spark plug）の役割です。スパークプラグは、電気による火花を出します。

スパークプラグの電気は、エンジンルーム内のバッテリー（battery＝電池）が電源です。バッテリーは通常12ボルトですので、12ボルトの電流で火花を出しているのかというと、そうではありません。確実に混合気を燃焼させるために、一瞬ではありますが、スパークプラグは1万ボルト以上の電圧で火花を出しています。

このような大電圧を得るために、バッテリーから流れてきた電流は、スパークプラグに行く前にイグニッションコイル（ignition coil）を通ります。イグニッションコイルは、鉄芯を中心に2種類のコイルを巻くことで電圧を変える、変圧器です（図2.22）。

図2.22　イグニッションコイル

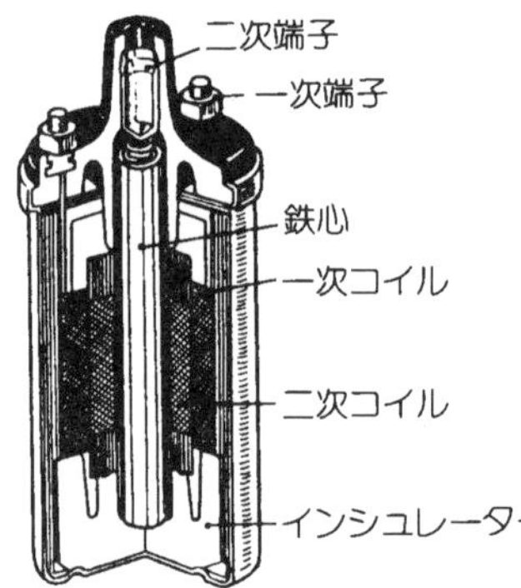

高い電圧で火花を飛ばすために、バッテリーの電圧を上げる必要がある。その変圧器の役目をするのがイグニッションコイル。

エンジンへの点火は、最適のタイミングが計られ、電流が流されます。走行中のエンジンは高速で回転します。3,000rpmとすると、1秒間に50回転もするということですから、4サイクルエンジンでは2回転に一度燃焼するので、1秒間に25回という短い間隔で点火が行われる計算になります。ですから、点火のタイミングには高い精度が求められます。

32ページでは、ピストンが上死点の段階で混合気を燃焼させるような説明をしましたが、本当の点火のタイミングはこのときではありません。エンジンはアクセルを踏んでいないアイドリング（idling：遊転）状態のときでさえも、1秒間に10回転はしています。そんなごく短い時間単位の世界では、「混合気に点火してから炎が広がり、シリンダー内のガソリンすべてが燃えつきるまでの時間」というのも、問題になるのです。一瞬に爆発しているように見えても、燃え広がるのにはやはり時間がかかります。その時間を考慮すると、上死点を過ぎた直後に最大の爆発力を得るためには、ピストンが上死点に届く前に点火しなければなりません。

さらに走行中、毎秒50回以上も回転している場合は、ピストンの動きも早くなっていますので、アイドリング中よりも点火のタイミングをさらに早めることで、最も効率的に力を得るようにしています。つまり、その時々のエンジンの回転数によって、点火するタイミングも異なるのです。しかしどんな条件下でも、正確なタイミングで火花を出す役目を負っているのが、ディストリビュータ（distributor＝配電器）です。

ただし、ディストリビュータは、バキュームコントローラーやガバナといったメカ的な機構で検知するしくみになっています。そのため、たとえば噴射タイミングにズレが生じるなど、どうしても正確さに不安定なところがあります。

そこで現在は、ダイレクトイグニッションシステム（Direct Ignition System）など、噴射量や噴射タイミングなどを統括して制御するイグニッションシステムが採用されています。イグニッションシステムは、ディストリビューター等のメカ式システムを使わず、最適な点火時期を電気的にセンサーで感知し、コンピュータで制御します。

さて、実際に火花を出すのはスパークプラグです（図2.23）。

スパークプラグは、シリンダー内という高温高圧の過酷な環境下で、休まず火花を出し続ける働き者です。プラグの先の2つの電極間に放電し、その電気火花で点火します。多くはシリンダーの真上に取り付けられています（図2.24）。

図2.23　スパークプラグの構造

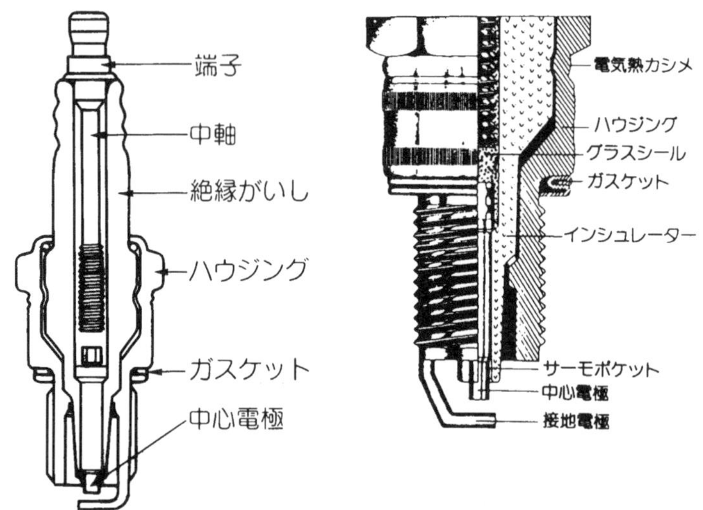

図2.24　スパークプラグの取付位置

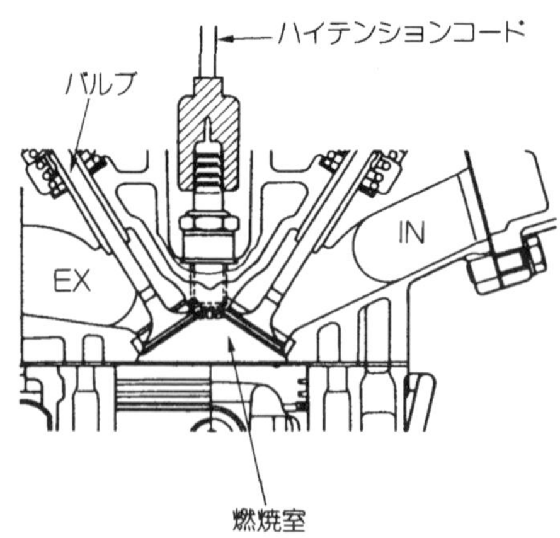

以前はよく、この電極間に燃えカスであるカーボン（炭素）が付着して、定期的に取り除く必要があると言われてました。最近は10万kmノーメンテナンスの白金プラグも使われはじめ、スパークプラグを手に取る機会も少なくなりました。

循環系

クルマに積まれている「液体」には、ガソリン以外に水とオイルがあります。

蒸気機関車ではないので、水を沸騰させているわけではありませんし、オイルも「油」だからといって燃やすために入れているのではありません。

冷却水

シリンダーで混合気を1秒間に数十回も燃焼させていると、シリンダーそのものも熱くなってゆきます。熱はエンジン全体に広がり、そのまま燃焼し続けると、ピストンやカムシャフトなどあらゆる部品が焼き付いてしまいますので、適度なところで温度を保つ必要があります。つまりエンジンを冷やすわけで、この役目を負っているのが冷却システムです。

冷却システムには、水で冷やす水冷式と、空気で冷やす空冷式の2種類があります(図2.25)。空冷式は、シリンダー周辺（正確にいうとシリンダーブロックとシリンダヘッド周辺です）に空気を送って冷やします。熱を大気中に発散させるという方法です。構造が簡単で、フィン（fin＝ひれ状のもの）と呼ばれる金属板をつけ、空気に触れる表面積を増やすことでより冷えるように工夫されています。しかし、多気筒エンジンの場合（シリンダーの数が多いエンジン場合)、さすがにあまり冷えず、現在乗用車にはほとんど使われていません。

大半の乗用車で用いられているのは、水冷式です。シリンダーの周りに水を通して、シリンダーの熱を奪ってやるのです。ただ、そのまま水をあてているだけでは、やがて水も沸騰して水蒸気になってしまいますので、冷却水も循環させて、熱を奪った水はすぐ流れていくようにしています。

図2.25　空冷式と水冷式のメカニズム

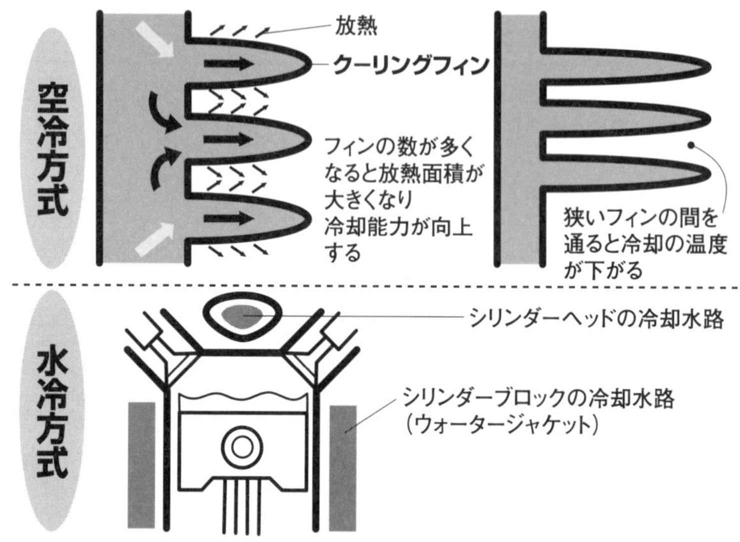

シリンダーから熱を奪って熱くなった水を冷やすのが、ラジエーター（radiator＝放熱器）です（図2.26）。

図2.26　ラジエーター

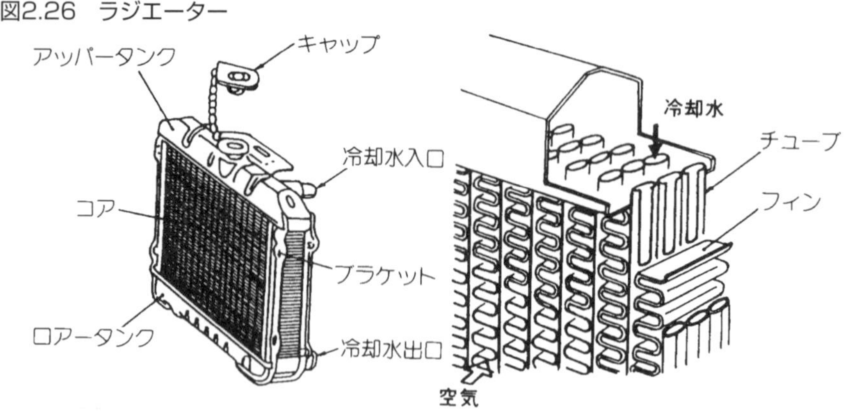

エンジンによって熱くなっている冷却水を、熱を放散しやすくするために細い管に入れて流す。

ラジエーター内では、細い管に循環させた水を通し、フィンから熱を放出します。フィンにはファン（fan＝扇風機）を回して風を送って、放熱を手助けしています（図2.27）。さらに、クルマの走行中は自然に入ってくる風でも冷やせるよう、ラジエーターはクルマの最前面に置かれています（図2.28）。結局は熱くなった水を空気で冷やしているのですから、水冷式も結局は空冷式と同様、大気中に熱を逃がしてやっていることに変わりはありません。

図2.27　ラジエーターの冷却メカニズム

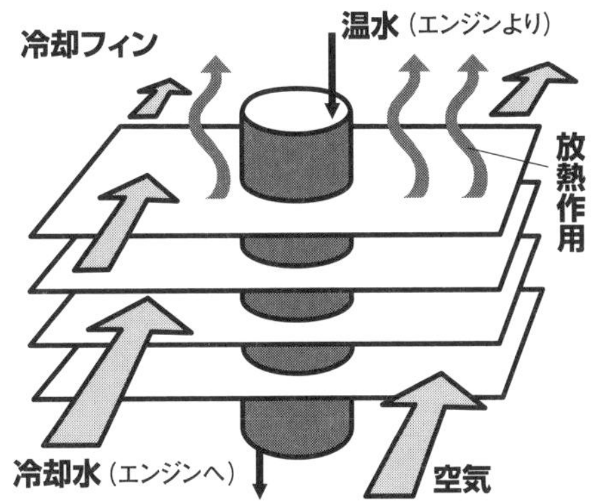

フィンが冷却水の熱を奪い、風がフィンの熱を奪い去る。

図2.28　ラジエーターとエンジンの位置関係

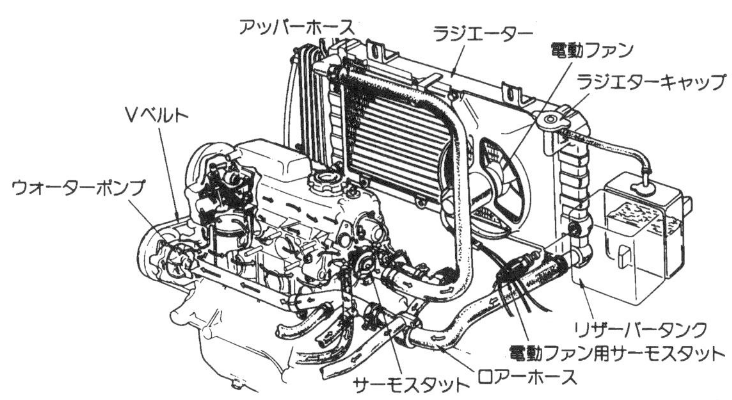

走行中に空気が入ってくるよう、エンジンよりも前にラジエーターは置かれている。

冷却水が沸騰することを、オーバーヒート（overheat＝過熱状態）と言います。沸騰して水蒸気になってしまうと、冷却水として役に立ちません。ラジエーター内では圧力を高くし、温度が100℃に達しても沸騰しないようにしているのも、簡単にオーバーヒートしないための工夫の1つです。

富士山の山頂では気圧が低く、水が100℃に達する前に沸騰してしまいますが、逆に気圧が高ければ水は100℃に達しても沸騰しません。料理で使われる圧力鍋は、鍋の中の圧力を高めて100℃より高い温度を実現することで、煮炊きの時間を早めています。ラジエーターも圧力を高めて沸騰する温度（沸点）を上げて、簡単に沸騰しないようにしています。

■オイル

エンジンは、往復運動をするピストンや回転運動をするクランクシャフトなど、摩擦をいかに起こさないようにするかということとの闘いであるともいえます。摩擦を起こすとエネルギーの損失になりますし、部品の摩耗にもつながります。また熱も発生します。

クルマの場合、摩擦を極力減らすために、潤滑剤としてオイル（oil＝油）を用いています。摩擦の起こりそうなところにオイルの膜をつくって、部品どうしが直接触れ合うのを予防しています。これは、オイルの最も重要な働きである潤滑作用です。

そのオイルも冷却水同様、循環させています。エンジンでは、混合気の燃焼によってできた炭素の燃えカスも、オイルを循環させていることでシリンダー内に残さず外へ出しています。そのほか、吸入した空気に入っていたゴミ（吸入気はエアフィルターを通りますが、それでも入ってきてしまうゴミがあります）や金属の粉（オイルで摩擦を減らしていても、それでも金属の摩耗は起こります）なども、オイルの循環によって外に出されます。そして、循環したオイルをオイルフィルター（oil filter）に通すことで、これらのゴミ類は取り除かれています（図2.29）。これを清浄作用と言います。

図2.29　オイルフィルターの構造

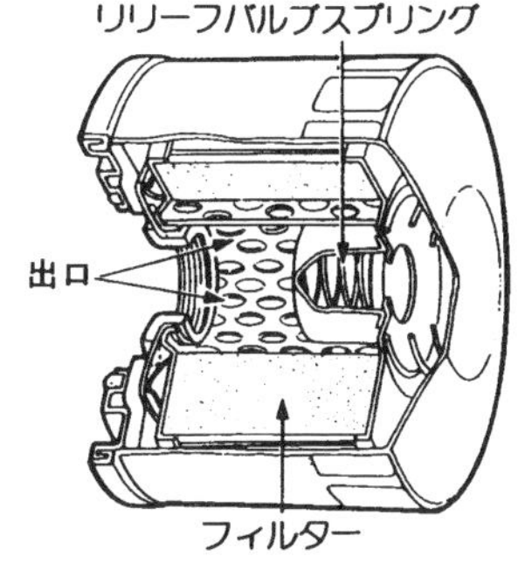

潤滑オイルはオイルフィルターを経由してゴミを除去する。

オイルには潤滑作用や清浄作用以外に、シリンダーの熱を吸収する冷却作用もあります。さらに、シリンダー内部が錆びることのないよう水分等をブロックする防錆作用、ピストンやピストンリングとシリンダーのすき間を埋めてガスが漏れないように密封するなどの役割も担っています。

オイルは、使用条件に合わせて適したものを選ぶ必要があり、粘度や品質によって細かく分類されています。

SAE（Society of Automotive Engineers：米国自動車技術者協会）粘度番号というのは、オイルの粘度を表す番号です。API（American Petroleum Institute：米国石油協会）規格は、オイルの品質を表しています。ガソリンエンジン用オイルは頭がSで始まり、現在SA、SB、…、SLの10種類（SIとSKというのはありません）に分類され、SLが最高規格です。ディーゼルエンジン用オイルは頭がCで始まり、CA、CB、…、CFおよびCF-4の7種類に分類され、CFが日本では最上級です。

過給機

エンジンは、空気と燃料を吸い込み、それを圧縮して（火をつけ）爆発させています。圧縮比を高くすれば、より大きな力を得ることができます。

エンジンを大きくしても大きな力が得られますが、ボンネットの大きさやクルマ本体の重量との兼ね合いもあって、エンジンをむやみやたらに大きくはできません(ボンネットからはみ出すようなエンジンを搭載することはできませんから)。

ならば、混合気を吸入するときに、圧縮して詰め込んでしまえばいいのでは？という発想からできたのが過給機（power-booster）です（図2.30)。

図2.30　過給機の原理

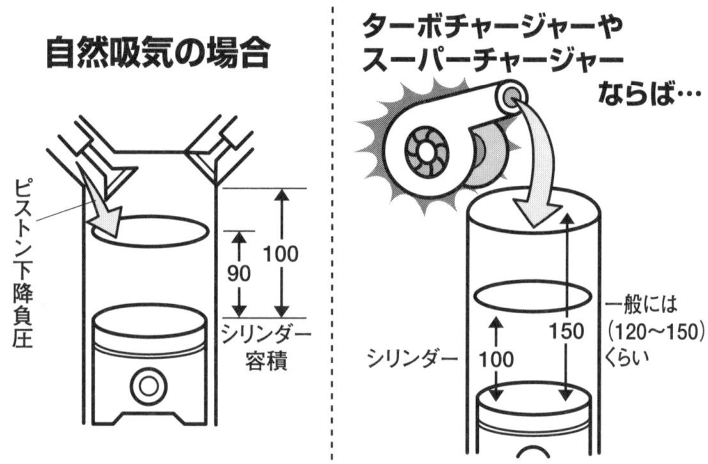

混合気を吸入するとき、過給機によって圧縮して20%多く取り入れることができれば、排気量1500ccのエンジンから1800ccの出力が得られる計算になります（1500×1.2＝1800)。

過給機には、ターボチャージャーとスーパーチャージャーの2種類があります。または両者を組み合わせて、低速時にはスーパーチャージャーで、高速になるとターボチャージャーを機能させるという、スーパーターボという手法を取り入れているクルマもあります。

ターボチャージャー

ターボチャージャー（turbocharger）は、一般に「ターボ」と呼ばれて広く普及している過給機です。エンジンから出る排ガスの流れでタービンを回し、その力を利用してコンプレッサー（compressor＝圧縮機）を動かして、空気を圧縮しています(図2.31)。

図2.31　ターボチャージャーの原理

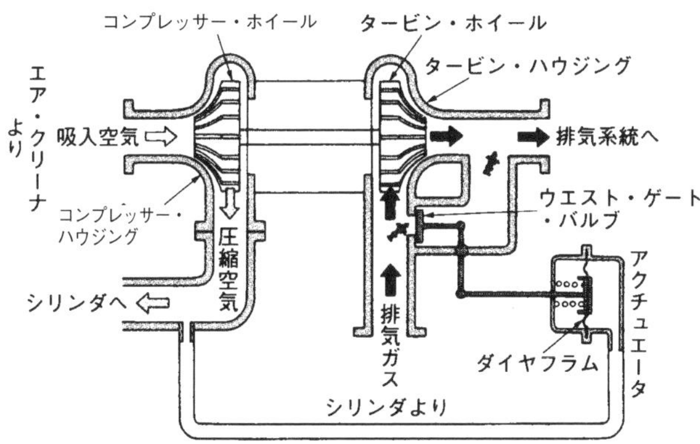

排ガスを吹き付けてタービンを回し、その力でコンプレッサーを作動させて混合気を圧縮。いったん冷却して空気の密度をさらに上げてシリンダーに送り込む。

エンジンから出る排ガスの通り道にタービン（turbine）を置き、タービンの中の羽根が排ガスを受けて回転します。タービンの羽根と、軸がつながっているのがコンプレッサーで、タービンの羽根が回転するとコンプレッサーの羽根も一緒に回転します。コンプレッサーはエンジンの吸気側の通り道についており、混合気はここで圧縮されて、シリンダーに詰め込められるというしくみです（図2.32)。

図2.32　コンプレッサーとタービン

コンプレッサー

遠心力
圧縮
吸気
遠心力
減速
エンジンへ

タービン

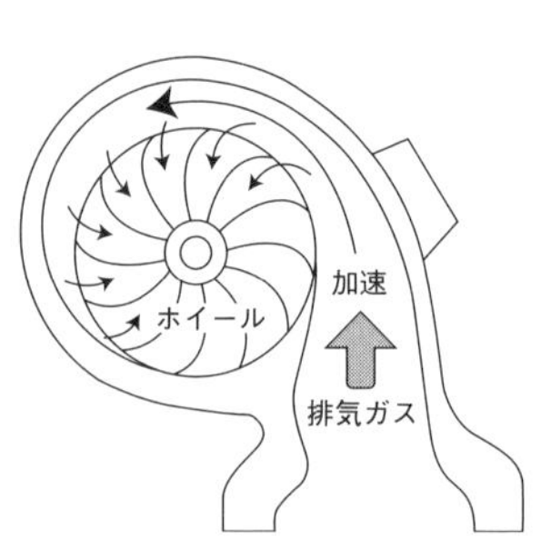

コンプレッサー：混合気は回転する羽根によって遠心力で圧縮され、圧縮された混合気は、燃焼室へ送られる間、管の断面積が大きくなるにつれて流れの速度が遅くなる代わりに圧力が高くなる。
タービン：管をだんだん細くする形で、排ガスの速度をあげて羽根にぶつける。

ガソリンエンジンを動かすと必ず出てくる排ガスを利用しているので、圧縮のために燃料を使うこともありません。

しかし、吸入する空気を増やすのであれば、そのぶん燃料も増やさなければならないので、クルマの燃費（燃料1リットルで走れる距離（km））は悪くなります。また、排ガスが勢いよく出ていないとコンプレッサーも作動しないので、ターボが効き始めるのは、エンジンの回転数が上がってからになります。アクセルを踏み込んですぐにターボを使った加速はできません。

■ スーパーチャージャー

スーパーチャージャー（supercharger）もターボチャージャーと同様、コンプレッサーで空気を圧縮してエンジンに詰め込みます。排ガスを使っているターボチャージャーと違うのは、エンジンで発生した力を利用するという点です。ですから、スーパーチャージャー付きのクルマは、空気を圧縮するためにもガソリンを使っているといえます。

スーパーチャージャーは、圧縮のしかたがターボチャージャーとは異なります。タービンを使うのではなく、エアコンに使われている冷媒圧縮機のようなローターを回転させる方法で、混合気を圧縮しています（図2.33）。

図2.33　スーパーチャージャーの原理

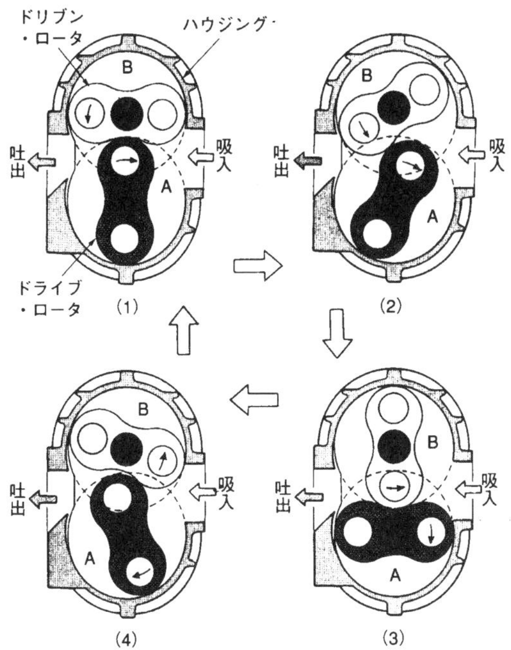

スーパーチャージャーは、アクセルを踏み込むとすぐに作動し始めるので、瞬時に加速できるのが最大の特長です。しかしターボチャージャーのようないわゆる廃品（＝排ガス）利用ではありませんので、ターボチャージャー以上に燃費が悪くなります。

なお、ターボチャージャーが一般に「ターボ」と略して呼ばれているのに対して、スーパーチャージャーは「スーパー」とは呼ばれません。

燃料

ガソリン（gasolineもしくはpetrol）も軽油も、ともに原油からつくられます。原油は炭化水素という物質の集まりです。炭化水素とは、炭素と水素からできている化合物の総称で、化学式を見ると炭素原子を表すCと水素元素を表すHしかありません。

ガソリンは、原油を熱して出てきた蒸気を冷やして精製します。これを蒸留と言います。原油からはガソリン以外にも灯油、軽油、重油など異なる種類の炭化水素を取り出すことができ、それは原油を精製するとき、熱する温度を変えることによって分けられています。

30～180℃……ガソリン
170～250℃……灯　油
240～350℃……軽　油
350℃～…………重　油

ガソリンは低い温度で気化します。蒸留の際低い温度で精製できるということは、精製した物質も低い温度で気化するということです。つまりガソリンは気化しやすい炭化水素であると言えます（図2.34）。

以前、クルマ用のガソリンには鉛が含まれていたことがありました。また原油に含まれていたイオウ（元素記号S）分が、精製時に完全に取り除けず残っていたこともありましたが、いまはそのようなことはありません。ガソリンは炭化水素のみか

図2.34　原油蒸留のしくみ

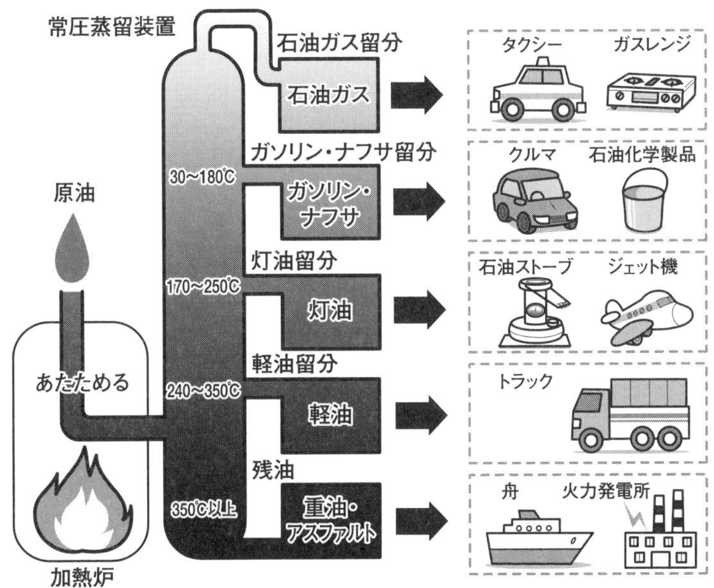

らできている物質です。

もしガソリンにイオウが含まれていたら、排ガスとして大気中に出て水や酸素と混じり、化学変化によって、酸性雨の原因となるH_2SO_4（硫酸）がつくられてしまいます。また、マフラー内の触媒コンバーターに使われている白金はイオウに弱いので、イオウがガソリンに含まれていないおかげで、触媒としての役割を果たし、NOxなど大気汚染物質を除去しているのです。

ガソリンのよさ

クルマの燃料としてガソリンが多く使われているのには、もちろん理由があります。

ガソリンは気化しやすいので、かんたんに空気と混ざって火がつきやすいというのが最大の特長です。同じ原油から精製する灯油は、十分に熱しないと火がつきません。

そして、ガソリンは勢いよく火がつきます。ふつうに火をつけるだけでも、ボアッと一瞬で大きな火がつきます。これがシリンダーの中で圧縮されていますので、火をつけた瞬間に「爆発」するのです。

なお、先ほどガソリンは炭化水素で、炭素と水素しか入っていないと書きましたが、実際にはオレンジ色の着色料、酸化防止剤、腐食防止剤、氷結防止剤などを加えて、わたくしたちが扱いやすいようにしています。

■ハイオク

ハイオクガソリンもしくはプレミアムガソリンと呼ばれるガソリンがあります。一般のレギュラーガソリンより高性能なガソリンですので、高性能（ここでは高出力の意味です）のエンジンには、このガソリンを使うことが推奨されます。

ハイオクガソリンとはハイオクタンガソリンのことで、ガソリンのオクタン価（octane number）が高いガソリンという意味です。

オクタン価とは、燃料のノッキングのしにくさを表す数値で、オクタン価が高いほどノッキングしにくくなります。一般的に、レギュラーガソリンがオクタン価90程度なのに対し、ハイオクガソリンのオクタン価は98〜100くらいあります。ガソリンというのは均一な物質（炭化水素）で構成されているわけではありません。ノッキングしにくい炭化水素も入っていれば、ノッキングしやすい炭化水素も含まれている混合物なのです。そのうち、ノッキングしにくい炭化水素（イソオクタン）の含まれている割合を示す数値がオクタン価である、と思っていただければいいでしょう。

ノッキングとは、上り坂を運転するとき、あるいはエンジンの圧縮率に対してガソリンのオクタン価が低い場合に起こる異常燃焼現象です。カラカラとかキンキンという金属音が発生します。

高出力を出すエンジンは、シリンダー内でのガソリンの圧縮率も高く、ガソリンは高い圧縮に耐えられる品質が求められます。

ピストンによって圧縮されたガソリンは、温度が上がって自然発火しやすくなります。スパークプラグが火花を発すると、火花から遠いシリンダーの壁に近い部分はスパークプラグ周辺に起きた燃焼によってさらに高い圧力を受け、炎が伝わってくる前に耐え切れず自然発火してしまいます。つまり、スパークプラグの点火タイミング以外で、シリンダー内で発火する現象がノッキングです。ノッキングは壁に近い部分で高い周波数の振動を起こすため、金属音が発生するのです。ノッキングが続くと、熱効率が下がりピストンの損傷につながります。

オクタン価が高いガソリンは自然発火しにくく、ノッキングもなくなります。

燃料タンクと経路

ガソリンは、クルマのどのあたりに搭載されているのでしょうか？　意外に知らない人も多いのですが、答えは車体の後部です。たいていのクルマは、後輪の上付近に燃料タンク（フューエルタンク：fuel tank）があります（図2.35）。

図2.35　燃料タンクとエンジンの位置関係

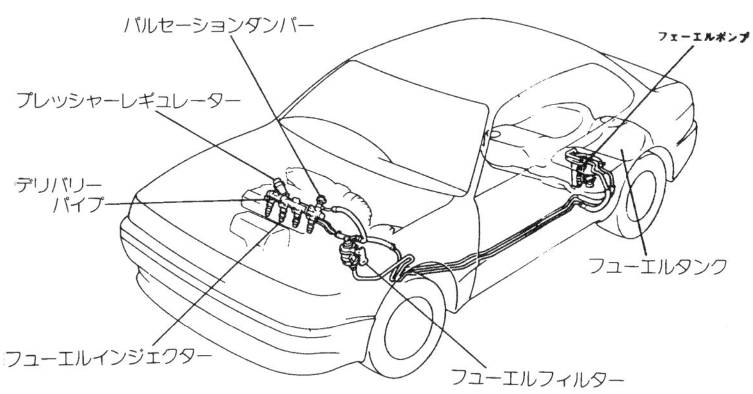

エンジンが前ならば燃料は後ろ。これで重量バランスが保たれる。

エンジンが前についているクルマがほとんどですから、「後ろに燃料タンクがあるのでは、エンジンまで遠くて不便じゃないか」と思われるのもごもっとも。しかし、重いエンジンが前にあるからこそ、燃料タンクが後ろにあったほうがクルマ全体の重量バランスも良くなるし、都合がいいのです。

ガソリンは、燃料タンクから車体下の管を通して、フューエルポンプによってエンジンに送られます。

吸入する空気を、フィルターを通してきれいにするように、ガソリンもフューエルフィルターを通して、ゴミや水分を取り除いてエンジンに入ります。

第3章
駆動システム

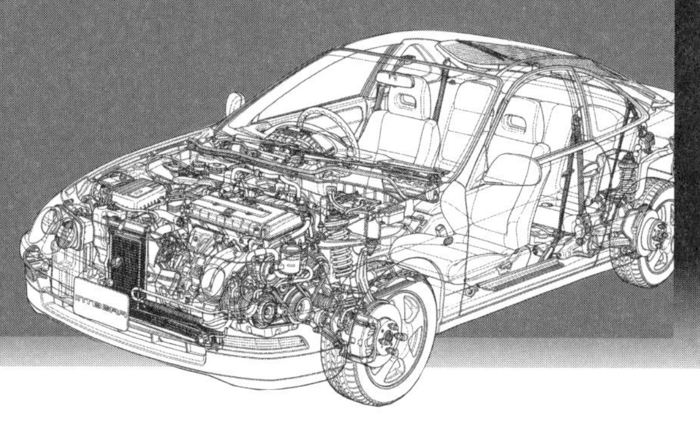

エンジンでガソリンや軽油を燃やして生み出した力を、タイヤに伝えるためのさまざまな工夫が駆動システムです。

レシプロエンジンの場合、ピストンが一往復するとクランクシャフトが1回転しますが、クルマを発進させるときには、クランクシャフトの1回転がタイヤの1回転につながるわけではなく、エンジンとタイヤの間にトランスミッション（transmission＝変速機）を通さなければクルマは走り出せません。本章では、これら駆動システムのしくみと役割を見てみましょう。

マニュアル車とオートマチック車

クルマを動力伝達部分の種類で分けると、マニュアル・トランスミッション（MT：manual transmission＝手動変速機）車とオートマチック・トランスミッション（AT：automatic transmission＝自動変速機）車の2つに分類できます。

マニュアル・トランスミッション車（以下マニュアル車）は、二十数年まではほとんどのクルマに採用されていました。「オートマチック車限定（オートマ限定）」などという運転免許証がなかった時代のことです。運転席の足元にはクラッチペダルがあって、速度や状況によって運転者がクラッチペダルを踏んで、手元のシフトレバーでギヤを変えてゆくのです。

一方のオートマチック・トランスミッション車（以下オートマチック車）は、現在すっかり主流となりました。基本的に、運転者はアクセルを踏んでスピードを出し、ブレーキを踏んで減速したり止めたりするだけです。オートマチック車の場合、ギヤは自動的にクルマが選び勝手に変わってくれます。オートマチック車の出現で、車の運転のしかたは大きく変わりました。

トランスミッションは、車体の下部にあるので、かんたんに装置そのものを見ることはできません。装置以外で、マニュアル車とオートマチック車の見た目の大きな違いは、マニュアル車の運転席にあるクラッチペダルがオートマチック車にはないということです。またギヤを変えるシフトレバーも、マニュアル車は前後左右にだけ動かすのに対して、オートマチック車は前後に動かすのが一般的です（図3.1）。

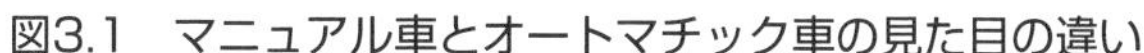
図3.1　マニュアル車とオートマチック車の見た目の違い

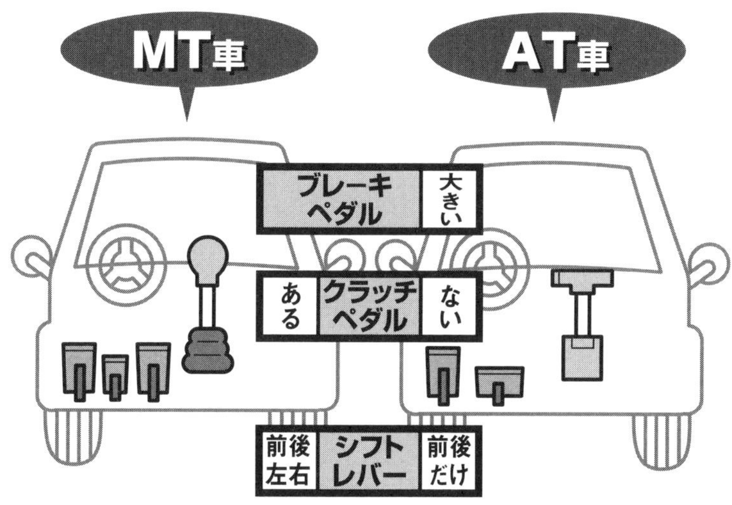

ペダルとシフトレバーに違いがある。

トルク、馬力

ここで、トルク（torque）と馬力という概念を説明しておきましょう。

トルクとは「モノを回すときに与える力と中心から力を入れる地点までの長さをかけた値」のことです。クルマ以外の場面でも使われる物理の用語です。ボルトをスパナで締めるとき、スパナにかける手の力の大きさF（kg）と、ボルトの中心から力をかける位置までの長さL（m）をかけた値がトルクです（図3.2）。

図3.2 トルクの概念

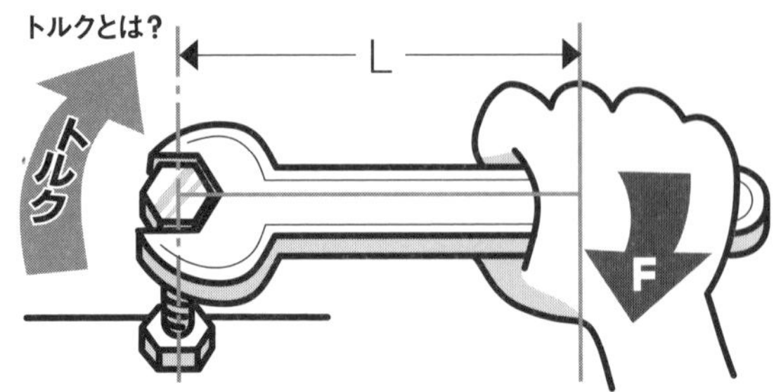

手の力F（kg）とスパナの長さL（m）をかけ合わせた値がトルク（kg・m）。

ボルトをきつく締めるには、Fを大きくする方法と、Lを大きくする方法の2つがあります。つまり力と長さ両方の値によって締め方（回す力の強さ）が変化します。この回す力の強さを数値で表したのがトルクだと思ってください。

トルクの単位は「kg・m」です。長さ20cm（0.2m）のスパナの端を握って4kgの力をかけたときのトルクは、4×0.2＝0.8kg・mです。これの長さを2倍の40cm（0.4m）、かける力を半分の2kgに変えたときのトルクは2×0.4＝0.8kg・m、変える前と同じ値です。トルクが同じなので、両者の回す力の強さは同じだと判断できます。

これはまた、長さ1mのスパナを使って、0.8kgの力をかけたときのトルク（0.8×1＝0.8）と同じ値です。つまりトルクは、モノを回す力の強さを「1mの長さのところに何kgの力がかかっているか」で表した値と言い換えることができます。

トルク値は、複数の歯車を通しても変わりません。半径の小さい歯車Aを半径の大きい歯車Bにつなげ、歯車Aを1回転させた場合、歯車Bは1回転しません。回転数が減る、すなわち回転速度が落ちます。しかし、代わりに半径が大きいぶん回転させる力（本書では回転力と表記します）は大きくなります（図3.3）。逆にBを回した場合、Aの回転速度はBより上がりますが、回転力は下がります。

図3.3　回転力を上げる原理

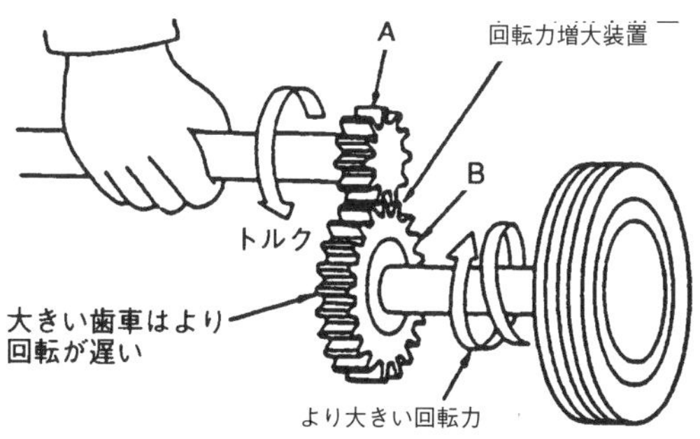

小さい歯車Aで大きい歯車Bを回転させて、大きな回転力を得ることができる。しかしトルクは一定。

87ページから解説する変速機は、このように大きさの異なるギヤを組み合わせることで、あるときは大きな回転力を得て、またあるときは速い回転数を得ているのです。つまり一定のトルクのもとで、回転速度と回転力を互いに変化させているのです（図3.4）。

図3.4　変速機のしくみ

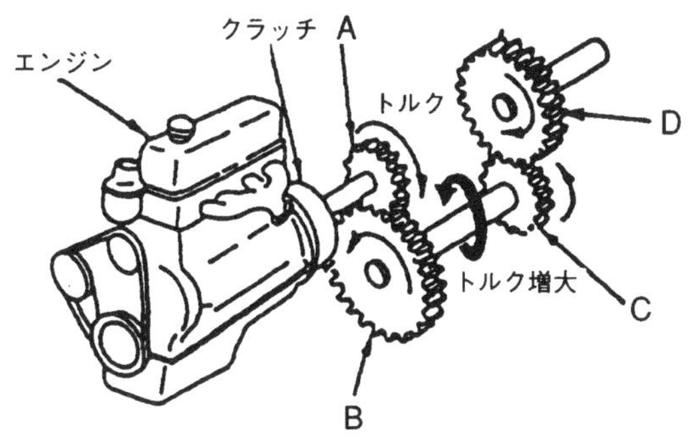

Bの歯数÷Aの歯数×Dの歯数÷Cの歯数が変速比と呼ばれる値。回転力の増加率を意味する。

トルクと同様、クルマの「力強さ」を表す言葉に「馬力」があります。仕事をバリバリやる人のことを「馬力がある」と表現するなど、日常生活ではよく耳にする馬力という言葉ですが、実際の意味はあまり知られていません。

馬力とは、物理でいう「仕事率」を表す言葉です。仕事率とは「単位時間（1秒間）にどのくらい重いものをどれくらいの高さまで持ち上げることができるか」を表した数字です。1秒間に75kgのものを1m持ち上げたら1馬力（1PS）です。75kgというと少し体格の良い成人男性の体重に相当しますから、そんな人を1秒で1m持ち上げるとなると、1馬力を出すには相当な力が必要だということがわかります。馬力の数値は、クルマの場合、エンジンの回転数によって値が変化します。通常、回転数が上がれば馬力も上がります。

しかし最近は、国際単位系（SI：International System of Units、仏語でSystème International d'Unités）に統一する傾向にあり、馬力という言葉はあまり使われなくなってきました。代わりに「出力」という言葉が用いられ、単位もkW（キロワット）になっています。1馬力＝0.7355kWで換算できます。

さて、4サイクルエンジンのトルクとは、燃料を爆発燃焼させたときの膨張圧力でピストンを押し下げ、クランクシャフトを回転させる力のことをいいます。1回の爆発で取り出す力のことですから、もしエンジンに常にめいっぱいの混合気を入れていれば（「充填効率が100%の状態」といいます）、トルクは回転数に関係なく常に一定の値を取るはずです。しかし、第2章で述べたように、エンジンの回転数が低い場合は、吸入する混合気の量を少なくして充填効率を下げ、回転数が高い場合は、吸入速度がピストンの速さに追いつかず、混合気が十分に入らないため充填効率が下がります。また、エンジンの調子によっては、充填効率は100%を超えることもあり、実際のトルクは常に一定ではありません。

馬力は、ここでもまたトルクとは異なります。エンジンの回転数が上がるということは、1秒当たりの回転数が増えるのですから、上記の仕事率の定義（1秒間にどのくらい重いものをどれくらいの高さまで持ち上げることができるか）から考えると、馬力（出力）も上がります。本来、出力と回転数とは比例関係にあるので、回転数が3倍に増えれば、出力も3倍に増えるはずです。

ところが、エンジンが高速回転すると吸排気が速さに追いつかず、ある回転数を超えると出力の上昇も鈍くなるので、現実にはトルク同様出力も下がってしまいます。

図3.5のグラフはこれらのようすを表しています。

図3.5　エンジン性能曲線の例（2000cc、4サイクルガソリンエンジン）

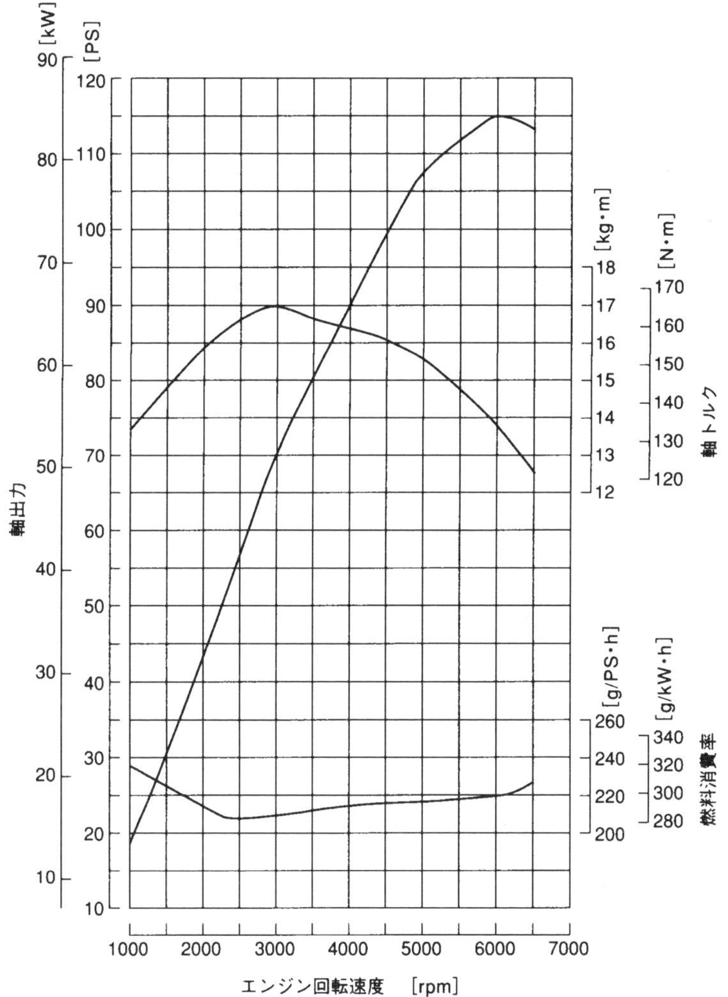

トルクも出力も、エンジンの回転速度を上げるとある速度をピークに、値は下がる。燃料消費率、トルク、出力、それぞれに最もいい値の回転速度が存在する。

なお、グラフの下にある燃料消費率とは、1kWの出力における1時間当たりの燃料消費量をグラム換算したもので、いわゆる熱効率を表しています。値が低いほど熱効率がよいことを示しています。値が低いほどいいのです。

このように、現実にはトルクと出力はともに回転数によって変化するため、クルマのカタログでは最もよいときの値を回転数とともに併記しています。

最高出力（kW/rpm）＝114/6400

最大トルク（N·m/rpm）＝186.2/4400

とあったら、出力はエンジンが毎分6400回転のときの114kW、トルクは4400回転のときの186.2N·mがそれぞれ最大値であることを示しています。なおSI単位に揃えていますので、最大トルクの単位はkg・mではなくN・mになっています。Nはニュートンという単位で、1kg＝9.8Nで換算できます。rpmとは“revolutions per minutes”の略で「1分間の回転数」を表しています。クルマのスピードメーターの横についている（ついていないクルマもあります）タコメーター（tachometer＝回転速度計）にもこの単位が使われています。

クラッチ

マニュアル車には、クラッチ（clutch）がついています。クラッチは、つけたり離したりすることができる2枚の円板からできています。一方の力をもう一方へうまく伝えるための機構です（図3.6）。

図3.6　クラッチの構造

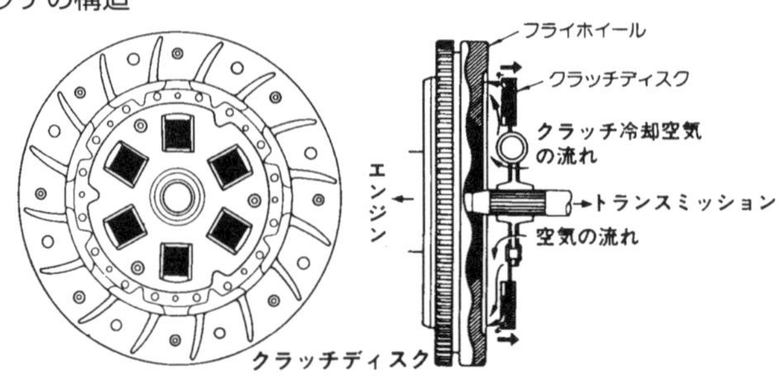

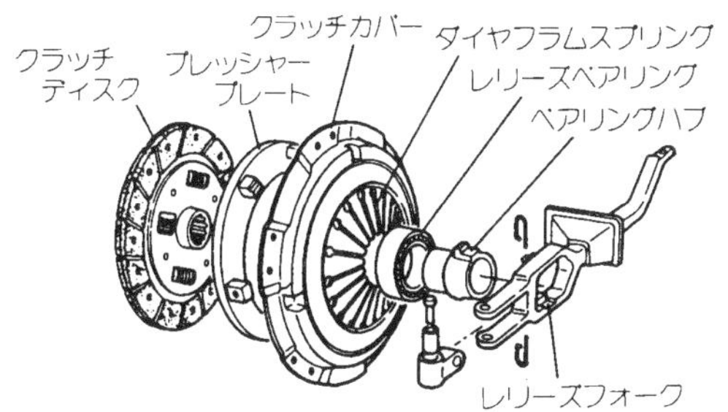

とくに止まった状態から走り出すとき、クラッチがなくてはなりません。エンジンは回転しています。タイヤ（tire）は止まっています。回転数の差がありすぎる両者を、つなげて両方ともに回転させるためには（つなげて両方とも止めてしまっては意味がありません）、クラッチの存在が欠かせません（図3.7）。なおクラッチのないオートマチック車については後述します（82ページ参照）。

図3.7　クラッチの位置

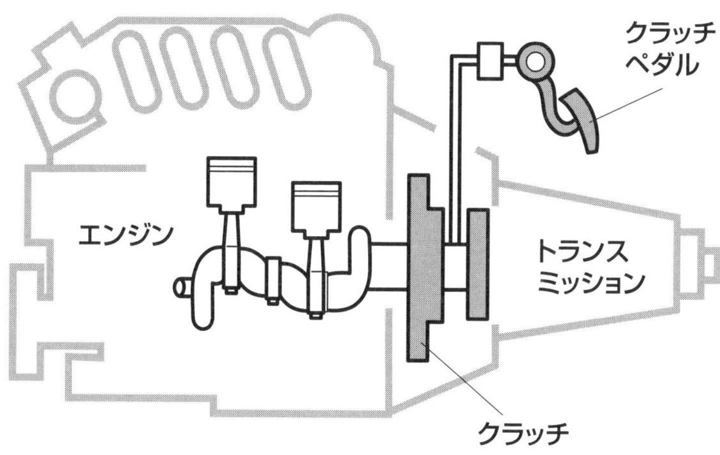

クラッチはエンジンとトランスミッションの間にあって、両者をうまくつなぐ役目をしている。

エンジンとタイヤをつなげて両方ともに回転させるためには、半クラッチ（partial clutch engagement）という、両者を少しだけつけた状態でエンジン側をすべらせながら、タイヤ側を徐々に回転させなければなりません。これを一気にくっつけると、力の弱いエンジン側のクラッチ板は、止まってるタイヤ側のクラッチ板に負けて、エンジンがストンッと止まってしまいます。エンスト（engine stall）です。クラッチとタイヤの間にギヤをつないで回転力を上げる構造であっても、一気にくっつけてしまえば力不足でエンストしてしまいます。

クラッチ板どうしは摩擦力が高い材質でできていますので、クルマが走り始めてから完全にくっつけると、すべることなく力が100%伝わります。

このように走り始めのときの動力伝達のほか、クラッチは走行中にギヤを変える際（88ページ参照）にも、エンジンとタイヤを一時的に切り離すために使われます。

トルクコンバーター

オートマチック車には、クラッチがありません。スタート時にはエンジンの力を、クラッチ板を介さずに徐々に伝え、高速走行時には100%に近い力を伝えられるようにしています。それはトルクコンバーター（torque converter）のおかげです。

トルクコンバーターを直訳すると「回転力変換器」となります。エンジンから生まれた回転力の大きさを変える装置です。しかし、クルマのトルクコンバーターは、クラッチの代わりとして、エンジンから出た回転する力をタイヤ側に伝える役割のほうが大きいようです。

マニュアル車でクルマを走らせるためには、クラッチを上手に使い、半クラッチで徐々に回転する力を与え、完全にくっつけて100%伝えるということをしました。クラッチがないオートマチック車では、トルクコンバーターがこの役をつとめています。

トルクコンバーターは、円板に羽根の付いたものを2枚向かい合わせに置いたものです。一方はポンプインペラー（pump impeller）という、軸がエンジン側につながった円板。もう一方はタービンランナー（turbine runner）という、軸がタイヤ側（トランスミッション側）につながった円板です（図3.8）。2枚の円板は直接はつながっておらず、少し離れてオイルで満たされた容器に密閉されています。このオイルが動力を伝達します。

図3.8　トルクコンバーターの概略図（上）と分解図

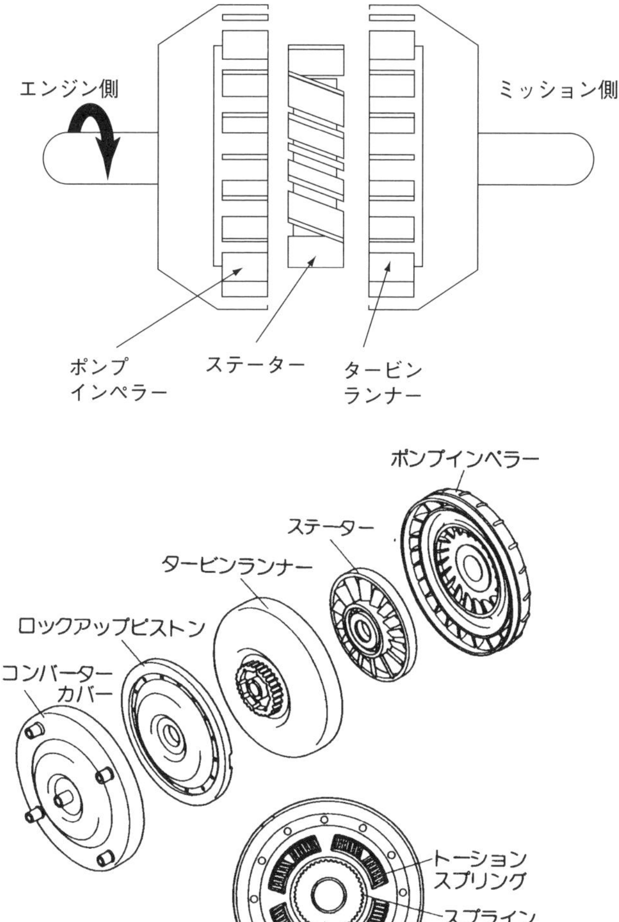

たとえば、扇風機を2つ向かい合わせに置き、片一方のスイッチを入れて羽根を回すと、もう一方の扇風機の羽根も風を受けてゆるやかに回転し始めます。こうやって両者がじかに接することなくして回転力を伝えるのが、トルクコンバーターの基本的な原理です（図3.9）。

図3.9　トルクコンバーターの動力伝達の原理

扇風機を2台、向かい合わせに置いて、片方の羽根を回すともう一方の扇風機の羽根も回る――これと似たようなことを、オイルを満たしたトルクコンバーター内で行っている。

実際のトルクコンバーターは、伝達に空気ではなくオイルを利用しています。オイルは、エンジン側のポンプインペラー（以下ポンプ）が回転して遠心力によって飛び出し、向かい側のタービンランナー（以下タービン）の羽根に当たってタービンを回します。

オイルは循環しています。タービンに入ったオイルは、あとから入ってくるオイルにぶつからないよう、別な出口から外に出てまたポンプに戻ります（図3.10）。

図3.10　トルクコンバーター内のオイルの流れ方

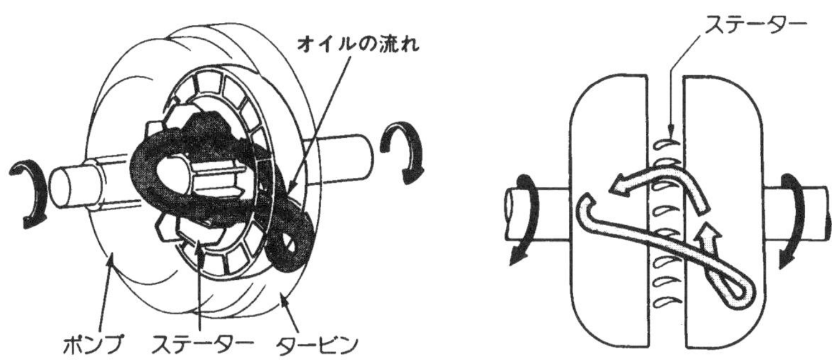

簡単に説明するとこれで済むのですが、実際にはこれだけの装置ではうまくゆきません。

クルマが発車する場合など、ポンプとタービンの回転速度に大きな差があるときは、ポンプの回転力がタービンにうまく伝わりません。ポンプから勢いよく飛び出したオイルが、タービンに当たって跳ね返ってポンプに回転方向とは逆向きに当たり、ポンプの回転をじゃましてしまうからです。

そこで、ポンプとタービンの間に、ステーター（stator）という羽根を取り付けています。このステーターの存在が、トルクコンバーターがクラッチとしての役割を果たすカギなのです。

発車時、運転席でアクセルペダル（accelerator pedal）を踏むと、エンジンの回転数が上がり、同時にポンプの回転数も上昇します。ポンプからオイルが出てタービンの羽根に当たり、タービンを動かします。オイルは、跳ね返った勢いで出口からポンプに戻ろうとします。そのとき、ステーターの表面に一度オイルを当て、反射させることで角度を変えて、ポンプの回転方向と同じ向きでポンプに戻るようにします。これにより、ポンプに戻るオイルはポンプの回転を助けることになり、ポンプはさらに勢いよく回ります（図3.11）。

図3.11　トルクコンバーター内でのステーターの働き

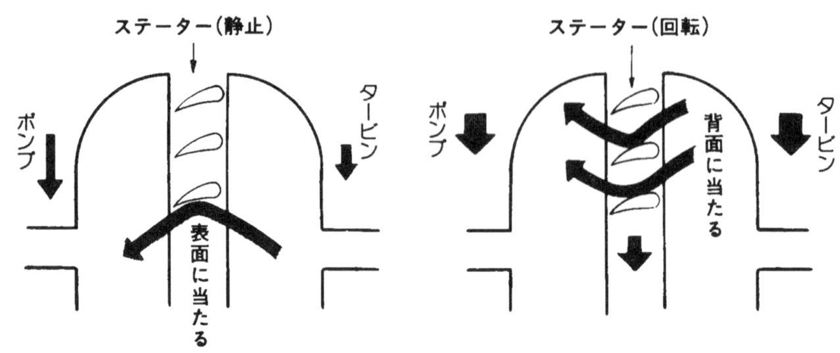

ステーターは、エンジン側とタイヤ側の回転差が大きい発進時などの場合（左）と、両者の回転差が少なくなってきた場合とで、役割が変わる。

じきにタービンも回転し始めます。するとタービンから跳ね返るオイルは、タービンの回転の影響を受けて方向が変わり、ステーターの背面に当たるようになります。ステーターは、ポンプやタービンと同じ方向にしか回ることができない構造になっているため、背面にオイルが当たるとステーター自身も回転するようになります。つまり、ポンプから出たオイルがタービンを回し、さらに勢い余ったオイルが両者の間にあるステーターをも回すのです。

ステーターの背面に当たったオイルは、表面に当たった場合と異なり、ポンプの回転をじゃまする方向に飛んでゆきますが、ステーターが回転することでオイルの勢いがかなり吸収されることにもなり、またエンジンも回転数が上がっていますので、ポンプにとって抵抗になるほどではありません。

やがて、ステーターもタービンと同じように回転するようになると、タービンから跳ね返るオイルはステーターに当たらずに、羽根の間をすり抜けてポンプに戻るようになります。ここでようやくポンプの力が、ほとんどすべてタービンに伝わる理想的な形となるのです。

このしくみは、ポンプとタービンの速度差が大きいときはトルクを増大させ、両者の速度差が小さくなるとトルクの増加はなくなり、代わって力の伝達効率を上げるという、変速機の役割を果たします。まさに回転力変換器です。

しかし、実際のクルマでは、もっと変速比を大きくするために変速機が付いています。

トルクコンバーターはうまく力を伝えられるように工夫されていますが、扇風機の例で想像できるように、オイルを媒介としていては100%力を伝えることはできません。そこで最近のクルマは、ポンプとタービンの速度差がなくなったら、機械的につなげてしまうロックアップ機構が取り入れられています（図3.12）。オイルを介さず、がっちりつながったエンジン側とタイヤ側は、力がムダなく100%伝わるようになります。

図3.12　ロックアップ機構の断面図

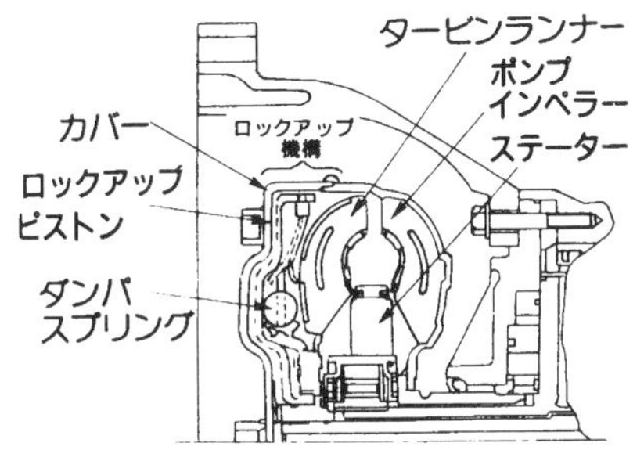

変速機

なぜ変速機が必要なのでしょうか？　それは大きな回転力が要求されるからです。とくに、クルマが止まった状態からの発車時、最初に「よっこらしょ」と動かすときには大きな力が必要で、回転力を高めないとタイヤは回転してくれません。それにはエンジンの回転数（回転速度）を下げ、その代わりに回転力を上げるしかないのです。

エンジンの回転数とタイヤの回転数の差が大きいときは回転力を上げ、タイヤの回転数が上がってくる（＝車の速度が上がってくる）につれて、エンジン側の回転力を下げて回転数を上げる。この役目をするのがギヤ（gear）です。

歯数40の大きいギヤと歯数20の小さいギヤがかみ合っているとします。小さい（歯数20）ギヤを1回転させると大きい（歯数40）ギヤは半回転（1/2回転）します。小さいギヤに与えた力が大きいギヤに伝わって、回転数は下がりますが、このとき回転させる力は、ギヤの半径が大きくなったぶん上がっています。これがギヤで回転力を上げる原理です（図3.13）。

図3.13　かみ合っている大小2つのギヤの互いの回転数

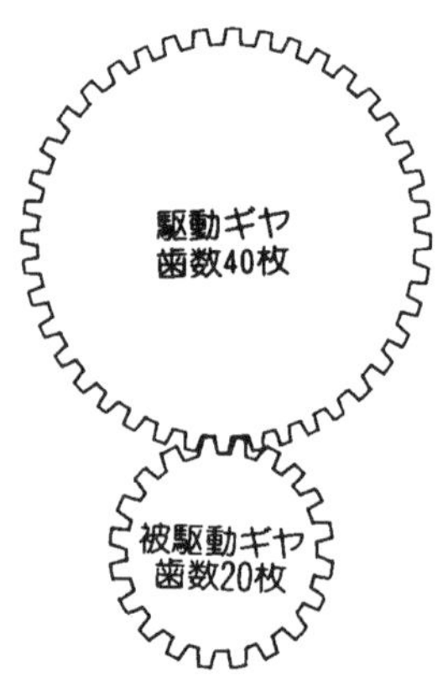

下の小さいギヤを1回転させると大きいギヤは半回転する。回転数は下がるが回転力は上がる。

逆に歯数40の大きいギヤを1回転すると、歯数20の小さいギヤは2回転します。1回転させて2回転できるのだから、こっちのほうが都合がいい、わざわざ回転数を下げる必要はないじゃないかと思われるかもしれませんが、大きなギヤに力を与えてかみ合っている小さなギヤを回すには、強い回転力を与えなければなりません。

しかしクルマのエンジンは、回転数は速くできるのですが、かんたんには強いトルクを出すことはできません。トルクを大きくするには、エンジンの圧縮率を上げたり排気量を大きくするしかないので、同じエンジンでトルクを自在に変えることはできないのです（過給器は圧縮率を上げるので、トルクが増大します。詳細は64ページ参照）。

自転車で、ペダルと後輪のギヤがチェーン（もしくはベルト）でつながっているようすを思い起こしてください。後輪に付いているギヤが、ペダルに付いているギヤより小さい場合、ペダルを1回転させたらタイヤが1回転以上します。しかし、経験した人も多いと思いますが、そのときは非常にペダルが重く感じられ、脚力の弱い人ではこぐことができません。平地ではこぐことができる人でも急な上り坂になると、後輪の大きなギヤにチェーンを通すようにギヤを変えて、ペダルを軽くするでしょう。ペダルのギヤより後輪のギヤを大きくすることでペダルを軽くこげるようにするのが、回転数を下げて回転力を上げている状態です（図3.14）。クルマもこれと同じことを行っています。

図3.14　5段変速自転車のギヤ

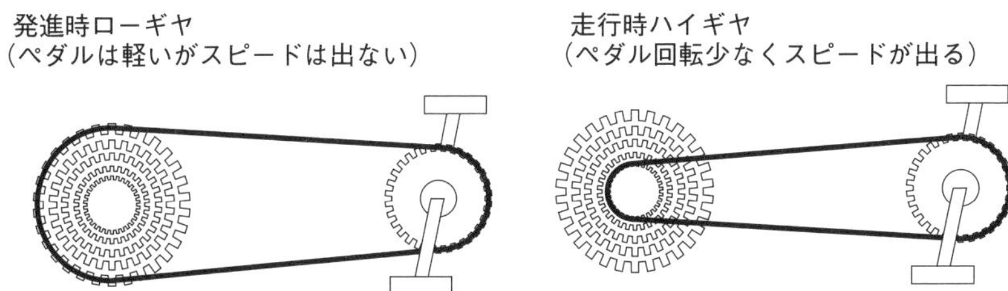

発進時ローギヤ
（ペダルは軽いがスピードは出ない）
走行時ハイギヤ
（ペダル回転少なくスピードが出る）

タイヤの回転数を下げる代わりに回転力を上げる状態（左）とスピードが出るぶんペダルをこぐのに大きな回転力が必要な状態。

皆さんが自転車に乗っているときは、坂道でも無理をすればギヤを変えなくても進み続けることができるかもしれませんが、クルマは自分の力に正直で、無理がききません。適切なギヤを選択してあげなければならないのです。

■ マニュアル車

マニュアル車では、適切なギヤを運転者が自分で選ばなければなりません。状況に合わせて自ら判断し、シフトレバー（gear lever）でギヤを選びます。

現在のマニュアル車のほとんどのトランスミッションが、すべてのギヤが常にかみ合っている「常時かみ合わせ式」を採用しています。しくみは図3.15のとおりです。

図3.15　常時かみ合い式トランスミッションのしくみ

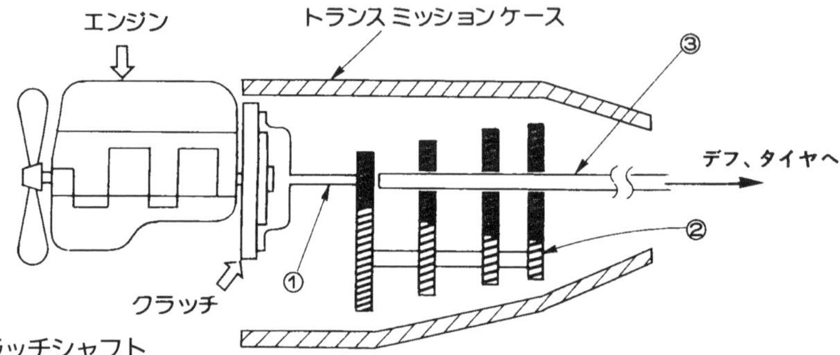

① クラッチシャフト
② カウンターシャフト
③ メインシャフト

クラッチシャフト（clutchshaft）とメインシャフト（mainshaft）は同一線上にあります。途中で切れているためつながっていません。横に平行して並んでいるカウンターシャフト（countershaft）を介してつながります。そしてこれら3本のシャフトにはそれぞれにギヤがついています。

図3.15の場合、クラッチシャフトにギヤが1つ、メインシャフトにギヤが3つ、カウンターシャフトにギヤが4つついています。カウンターシャフトの4つのギヤに、クラッチシャフトのギヤ1つとメインシャフトのギヤ3つ、合計4つが過不足なくかみ合っています。ただし、メインシャフトと3つのギヤはくっついているわけではありません。いつでもどれか1つのギヤをシャフトとつなぐことができますが、シフトレバーがニュートラル（neutral）のときは、どのギヤもシャフトとはつながっていない状態になっています。

エンジンが回転しクラッチを通ってクラッチシャフトが回転します。それによって、ギヤがつながっているカウンターシャフトも回転します。カウンターシャフトのギヤは4つともみな同じように回転しますが、すべてギヤの大きさが異なるので、ここで回転数を変えられるようになります。運転者はシフトレバーで3つのギヤのうち、どれをメインシャフトにつなぐかを選ぶのです。

一般的に、走り始めはカウンターシャフトのギヤが小さく、メインシャフトのギヤが大きいところを選ぶことになります。これが1速（ローギヤ）です。速度が上がるにしたがって、カウンターシャフトのギヤを大きいものへと変えてゆきます。

■ オートマチック車

オートマチック車にも、ギヤがついています。トルクコンバーターは「回転力変換器」なんだから、ギヤはいらないのでは？　という疑問を持たれる方もいらっしゃるかもしれません。たしかにトルクコンバータで回転力は大きくなっています。しかしトルクコンバーターだけでは、残念ながらローギヤに相当するほどの大きな回転力を得ることはできません。そして、クルマをバックさせることもできません。

オートマチック車では、スロットル（throttle）の開き具合や車の速度に応じて油圧回路を制御し、変速操作を自動的に行っています。

マニュアル車と違って、オートマチック車にはプラネタリーギヤ（planetary gear）と呼ばれる変わった形をしたギヤが使われています（図3.16）。

中心部にサンギヤ（sun gear）があり、その周りをプラネタリーキャリア（planetary carrier）でつながれたピニオンギヤ（pinion gear）がサンギヤとかみ合っています。さらに、その外周をインターナルギヤ（internal gear）が囲うようにあって、ピニオンギヤとかみ合っています。

サンギヤのサンとは太陽のこと、プラネタリーとは惑星を意味しています。つまり、太陽を中心に惑星が周囲を回っているというイメージです。インターナルギヤのインターナルとは「内側」という意味です。

サンギヤ、プラネタリーキャリア、インターナルギヤの3つは、回転の軸が同じです。ピニオンギヤももちろん回転しますが、これは直接エンジンからの回転を出し入れするのに使われてはいません。

図3.16　プラネタリーギヤのしくみ

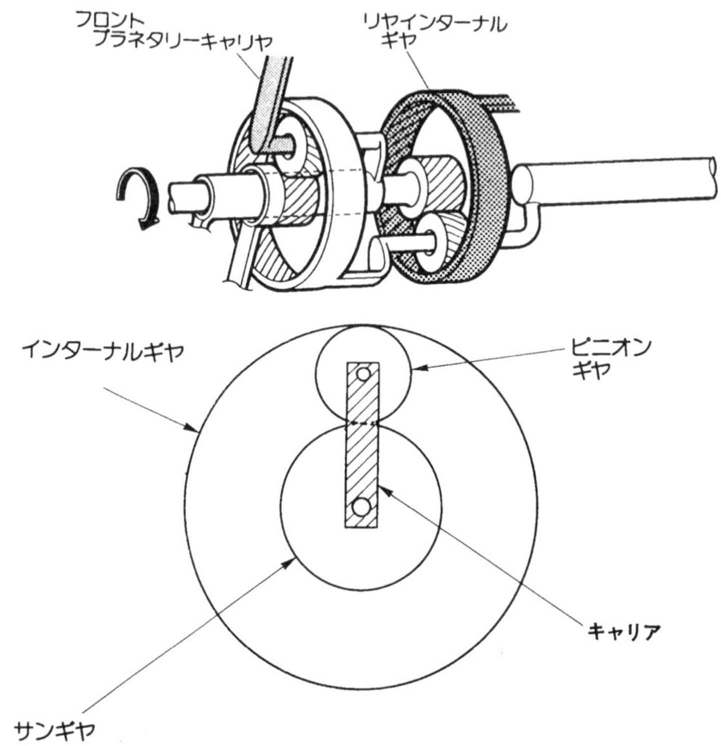

中心にサンギヤ、その周りにプラネタリーキャリアでつながれたピニオンギヤ、外周にピニオンギヤとかみ合っているインターナルギヤがある。

それぞれのギヤやキャリアが自由勝手に回転するので、それぞれの役割をきっちりさせないと、エンジンの回転力を与えても、回転力がゼロになってしまうこともあり得ますので、この複雑なギヤを使いこなすためには、サンギヤ、プラネタリーキャリア、インターナルギヤの3つに、固定、入力、出力という役割を常に持たせておかなければなりません。1つを固定するというところが重要です。

それぞれの役割を変えてみると、6種類の組み合わせが考えられます。入力というのはエンジンから伝えられてきた力を取り込むことで、出力というのはタイヤ方向

表3.1　3つの組み合わせ

	①	②	③	④	⑤	⑥
サンギヤ	固定	固定	出力	入力	入力	出力
プラネタリーキャリア	入力	出力	固定	固定	出力	入力
インターナルギヤ	出力	入力	入力	出力	固定	固定

に出すという意味です。

たとえば表の④、プラネタリーキャリアを固定してサンギヤを入力、インターナルギヤを出力とすると、インターナルギヤは入力のサンギヤと反対向きに回り、サンギヤを1回転したとき出力のインターナルギヤは1回転未満しか動きませんから、回転力も上がるので、この組み合わせはバック（後進）用のリバースギヤ（reverse gear）であることがわかります（入力と出力を逆にした③の場合も反対向きに回ることに変わりはないのですが、回転数が上がる、すなわち回転力が下がるので、リバースギヤとしては使えません）。

あるいは、表の⑤、インターナルギヤを固定して、サンギヤを入力、プラネタリーキャリアを出力とした場合、入力と出力が同じ方向に回転し、しかもサンギヤ1回転でプラネタリーキャリアは1回転未満（正しくは［サンギヤの歯数÷(サンギヤの歯数＋インターナルギヤの歯数)］回転）ですので、回転力が上がる低速のギヤであることがわかります。

このように、組み合わせを変えることによって、回転力の変換を行っています。

■ デファレンシャルギヤ

エンジンから出た回転する力は、タイヤに伝わる直前に、さらにデファレンシャルギヤ（differential gears＝差動歯車装置）を通ります。通称「デフ」と呼ばれているギヤです。

デフは3つの役割を担っています（図3.17）。

1. 回転力の増大
2. 回転方向の変更
3. 左右の回転差の補正

1つめは回転力を上げる役割です。エンジンで生まれた力は、途中ミッションを通って回転力が上げられてきましたが、タイヤに届く直前のデフに辿り着いてからも回転数が下げられ、代わりに回転力を増大します。「そんなに回転力を上げないといけないの〜？」と思われるかもしれませんが、上げないといけないんです。

2つめとして、回転方向を変える役割があります。クルマの前後方向にある軸を中心に回転している状態から、タイヤの回転方向、つまりクルマの左右方向に回転の

図3.17　デファレンシャルギヤの役割

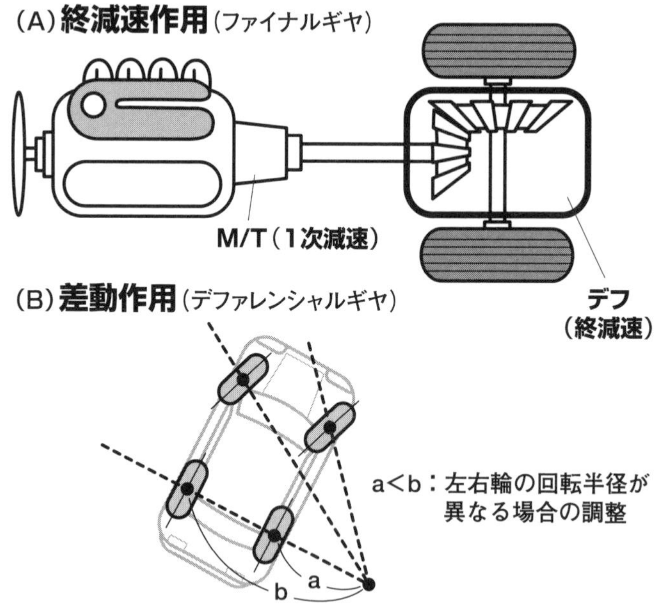

デフは、回転の方向を90°変えるのも仕事の1つだが、最も重要な役割は左右のタイヤの回転速度に差を出すこと（差動）。

軸を90°変えるのも、デフの大きな役目なのです。これをしないとエンジンがいくら回っても、前進方向にタイヤが回ってくれません。

そして3つめに、クルマがカーブを走るとき、左右のタイヤの回転速度に差を出すのも、デフの仕事です。

クルマはカーブを走るとき円を描くように走るため、円周の内側と外側で進む距離が異なり、それは回転速度の違いとなって現れます。左右のタイヤの回転速度を変えることができなかったら、カーブでは長い距離を動く外側のタイヤに比べて短い距離しか動かない内側のタイヤはスリップすることになるのです。駆動輪でないタイヤは左右つながっていないので自由に動くのですが、駆動輪は左右のタイヤの回転を変えられるような工夫が必要です。これもデフが行っています（図3.18）。

図3.18　旋回時のタイヤの動き

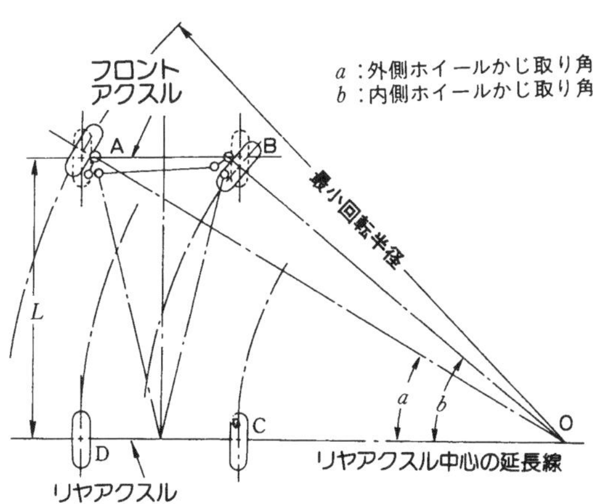

カーブの外側のタイヤは、内側のタイヤより長い距離を転がるため、回転速度が速くなければならない。

デフは、前後左右上下それぞれの方向に回転するギヤが絡み合っている、少々複雑な構造をしています。まず、エンジン側からプロペラシャフトに伝わってきた回転力は、ドライブピニオンとリンクギヤのかみ合いにより90°方向転換され、デファレンシャルケース（デフケース）そのものがタイヤの回転方向と同一方向に回転します。回転しているデファレンシャルケースの中で、90°の位置関係にある2本のシャフト（ピニオンシャフトとアクスルシャフト）についているそれぞれのギヤ（ピニオンギヤとサイドギヤ）がかみ合っているのです。

クルマを動かそうとする力強い回転力は、リングギヤによってタイヤに伝わり、左右の回転速度の差を出すのは、デファレンシャルケース中のピニオンギヤとサイドギヤによってタイヤに伝わる、というように、2つに分けて考えると理解しやすいかもしれません（図3.19）。

図3.19　デファレンシャルギヤ全体のしくみ

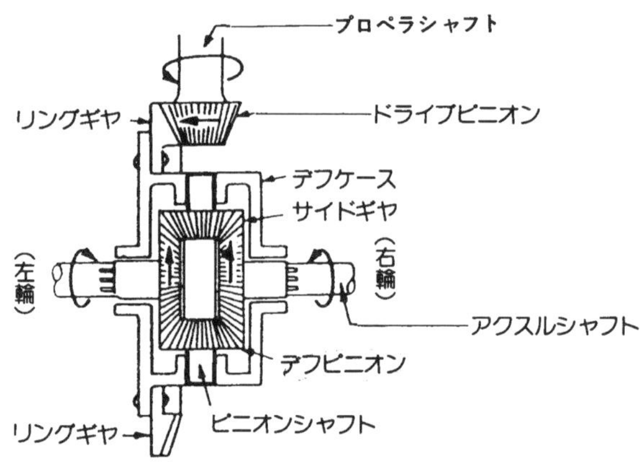

プロペラシャフトの回転力はデファレンシャルケースそのものが回転することで受け止められ、左右のタイヤの差動はデファレンシャルケース内部の2つのギヤによって行われる。

クルマの駆動輪を両方ともジャッキ（jack）等で持ち上げ、一方のタイヤを回すと、もう一方のタイヤは反対方向に回ります。これが左右の回転の差を生みだしている元です。ピニオンギヤとサイドギヤが90°にかみ合っているため、向かい側のギヤは反対回りをするのですが、実際にクルマが走るときには、このピニオンギヤとサイドギヤが入っているデファレンシャルケース全体が速い速度で回転するため、少しくらいの逆回転は全体としては逆回転にはならず、外から見ると、同じ方向に回転しながら速度が遅くなる現象となって現れるのです（図3.20）。

図3.20　デファレンシャルケース内部の動き

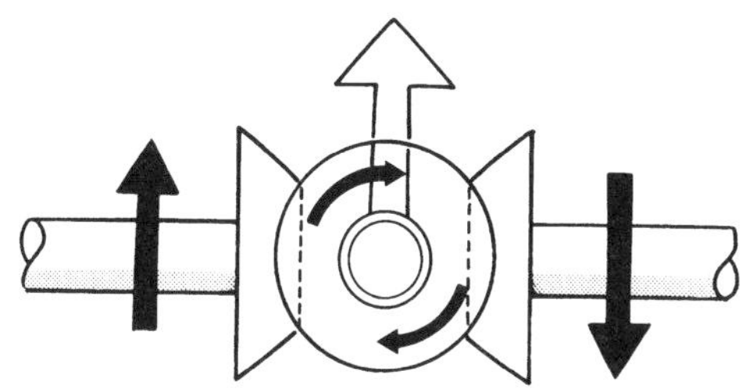

内部だけを見ると左右のシャフト（タイヤの軸）は互いに反対方向に動くようにつくられている。

プロペラシャフト

FRや4WDなど、後輪が駆動輪になっているクルマは、前方のエンジンから出た力を後ろに伝えるために、クルマの下、左右中央をプロペラシャフトが通っていて、それが走行中は絶えず回転しています（図3.21）。

図3.21　プロペラシャフトの位置とユニバーサルジョイントのしくみ

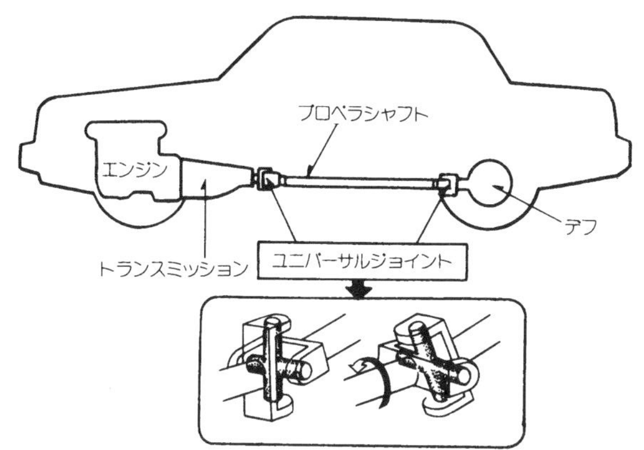

長い棒を回すという簡単なしくみなのですが、道路のくぼみなどを通る際にはデフの位置も上下に揺れるので、プロペラシャフトが1本の固定された棒ではヘタをすると折れてしまいます。そのため途中何カ所か中継点を設けて、多少曲がっても大丈夫なようにできています。

この中継点はユニバーサルジョイント（universal joint）というもので結ばれ、ユニバーサルジョイントを境に、シャフトの向きが変わっても回転がきちんと伝わるように工夫されています（図3.22）。

図3.22　プロペラシャフトの接続と構造

①接続

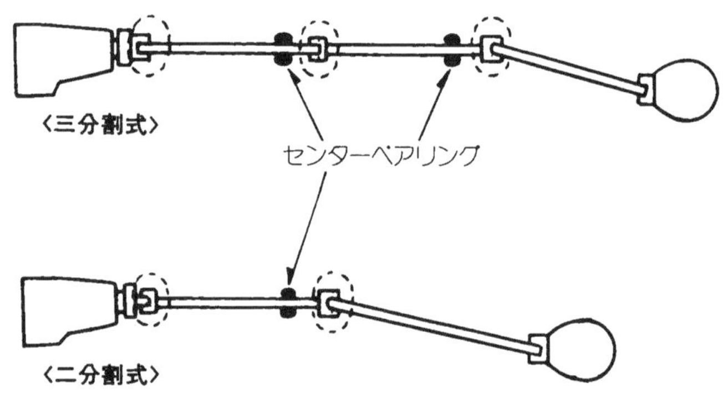

②構造

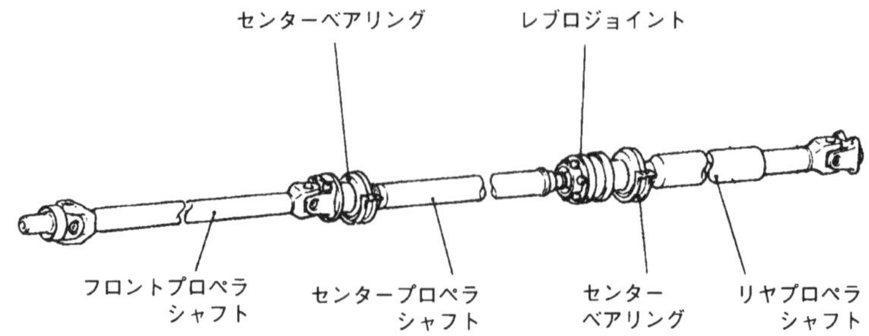

無段変速（CVT）

75～80ページでトルクや馬力を説明した際、「エンジン性能曲線」（図3.5）というグラフを使いました。そのグラフを見ると、トルクが最も出やすいエンジン回転数と、燃料消費率が最もよい回転数が存在します（出力は基本的には回転数が高いほど大きな値になります）。

たとえば、ガソリンの消費をなるべく少なくしてクルマを運転したいと思えば、燃料消費率が最も低い回転数で常にエンジンが回っていれば理想的です。

しかし、1速～4速（あるいは5速）の段階的にしか変えられないギヤだと、3速だと回転数が高すぎ、けれど4速にしてしまうと回転数が低すぎて力不足になってしまう、ということがままあります。左右に曲がりくねった道を走る場合、オートマチック車の場合、ギヤが3速と4速の間を自動的に行ったり来たりして、そのたびにカクンッという変速ショックを感じて、乗り心地もいいものではありません。

そこで、無段階にギヤ比を調整できる変速機が登場しました。CVT（Continuously Variable Transmission）です。従来のオートマチック車にあったカクンッ（変速ショック）がなくなり、常に理想的な回転数を維持できるので、燃費も向上します。

■ ベルト式CVT

まず登場したのはベルト式CVTです（図3.23）。

ベルト式CVTはプーリー（pulley：滑車）と呼ばれるコマを2つ向かい合わせてくっつけた形の滑車を2つ用意し、双方に1本のベルトをひっかけた構造になっています。

図3.23　ベルト式CVTの構造

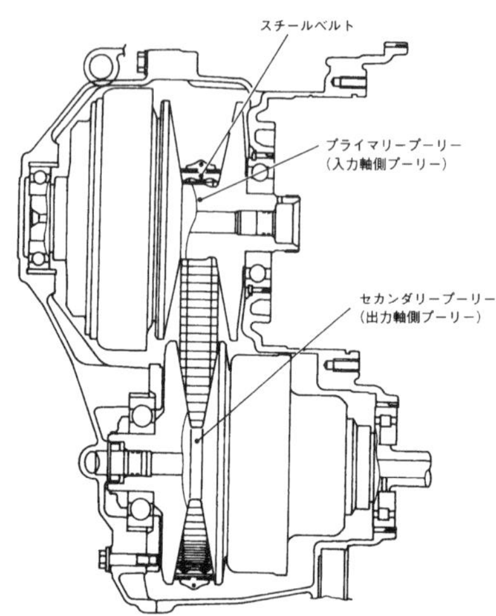

コマは斜めの角度がついたほうを向かい合わせにしていますので、くっつき合ったコマの間隔を広げたり狭めたりすると、かかっているベルトの位置も変わり、巻き付いている半径が変わります。両方のプーリーを油圧で動かすことによって、エンジン側（プライマリープーリー：primary pulley）とタイヤ側（セカンダリープーリー：secondary pulley）のギヤ比を、無段階で調節することができるのです（図3.24）。

図3.24　ベルト式CVTのしくみ

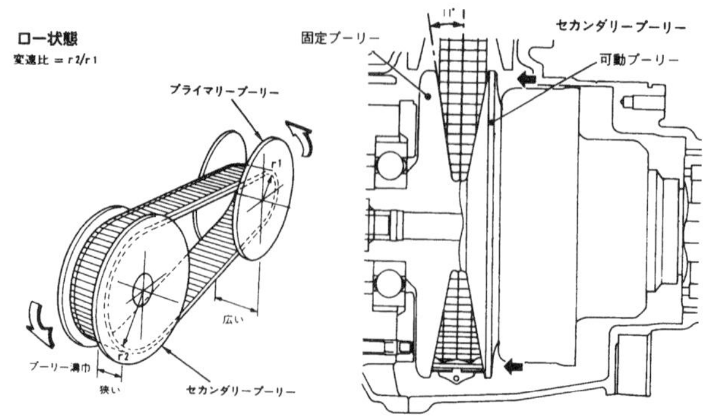

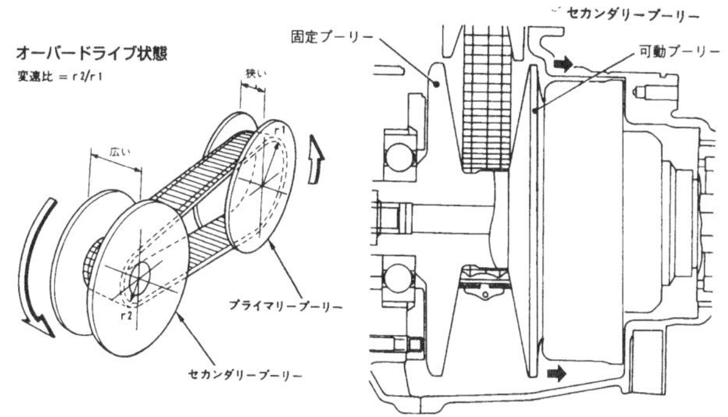

プーリーは広がると半径が小さくなり、狭まると半径が大きくなる。2つのプーリーの間隔を変えて半径を調節することで、ギヤ比が変わる。

■ トロイダルCVT

ベルト式のCVTは、排気量が2000ccくらいまでのクルマに搭載されていました。しかし、「もっと排気量の大きいクルマにも搭載できるCVTを！」という要望にこたえて開発されたのが、トロイダルCVTです（図3.25）。パワーローラー（power roller）ならばベルトのように変形することがないので、大きなトルクも確実に伝達できるようになりました。

図3.25　トロイダルCVT

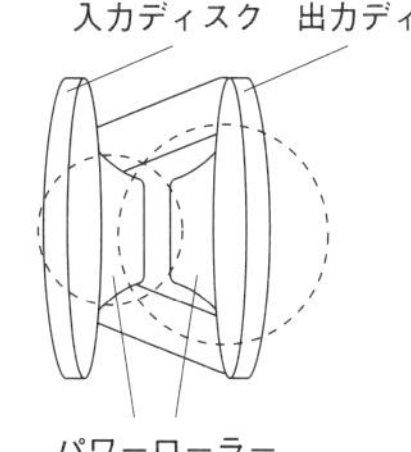

ロー状態

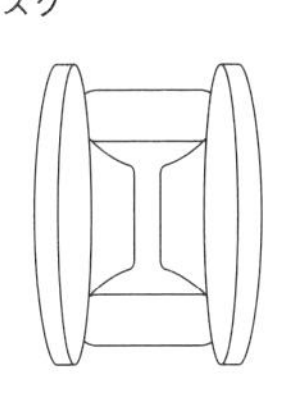

入力と出力が1：1

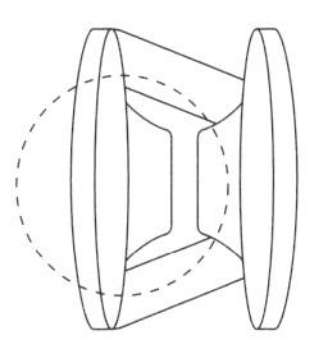

オーバードライブ状態

パワーローラーとディスクの接点の半径が「入力ディスク<出力ディスク」だとローギヤかセカンドギヤ（図左）。「入力ディスク>出力ディスク」だとトップギヤ（図右）。

構造としては、図3.25のようにエンジン側の入力ディスクとタイヤ側の出力ディスクの計2枚が向かい合っています。中心の位置は同じですが、つながってはいません。両者をつなぐのが2枚のパワーローラーです。パワーローラーの傾きを変えることで、入力ディスクとパワーローラーの接点の描く円の大きさと、出力ディスクとパワーローラーの接点の描く円の大きさが変化します。円の半径が変わるからで、２つの半径の大きさの比が変速比になります。

図3.26　トロイダル式CVTのしくみ（日産・エクストロイドCVT）

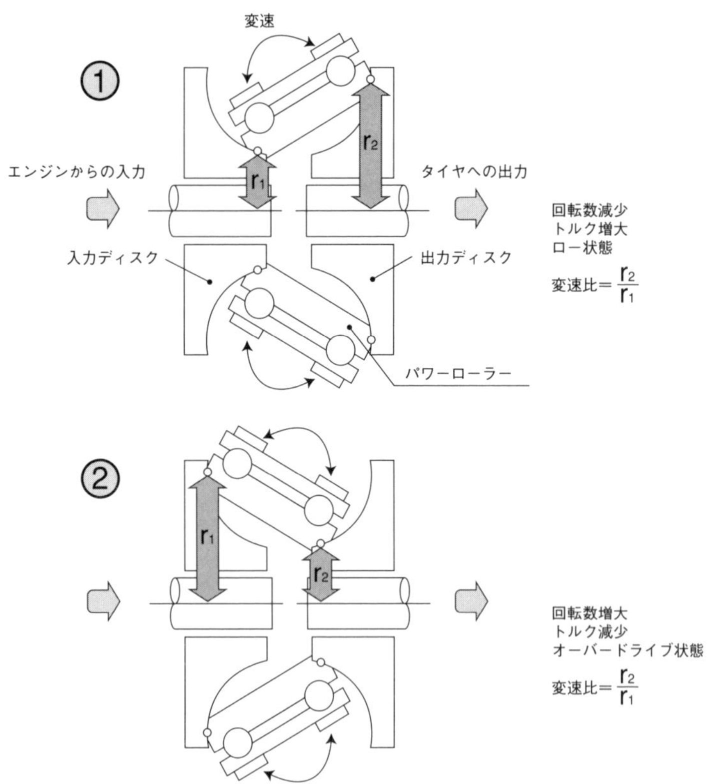

図3.26①のように、入力ディスクの接点の半径が小さく出力ディスクの接点の半径が大きいと、エンジン側の回転数を下げるということです。つまり回転力を上げるギヤ、1速（ローギヤ）あるいは2速（セカンドギヤ）を現しています。そして、

パワーローラーの傾きが変わって、②のように、入力ディスクの接点の半径が大きく、出力ディスクの接点の半径が小さくなると、回転数を上げるトップギヤというわけです。

変速はパワーローラーを傾けることで行いますが、その際に傾ける力はとくに必要としません。ローラーを中心点から上下に動かすだけで、ディスクがローラーを傾けようとする力が発生し、それを利用します。

パワーローラーが傾くしくみを**図3.27**とともに見てゆきましょう。

ディスクは反時計回りに回転しています。そして、パワーローラーは図の上下方向の軸で固定されており、なおかつ油圧ピストンとつながって上下に動く構造になっています。

パワーローラーの軸がディスクの中心を通る場合、パワーローラーの傾きは変わりません（**図3.27**①）。

図3.27　パワーローラーが傾くしくみ

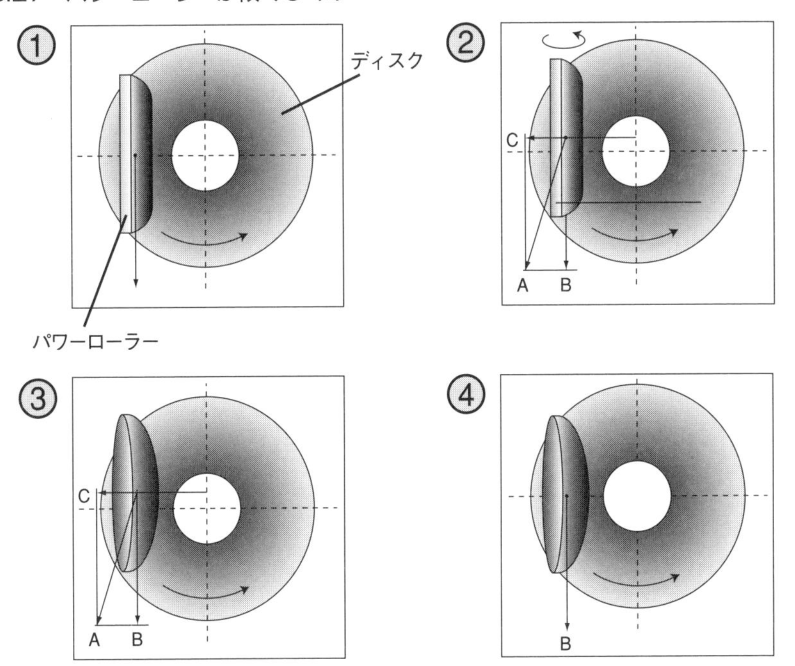

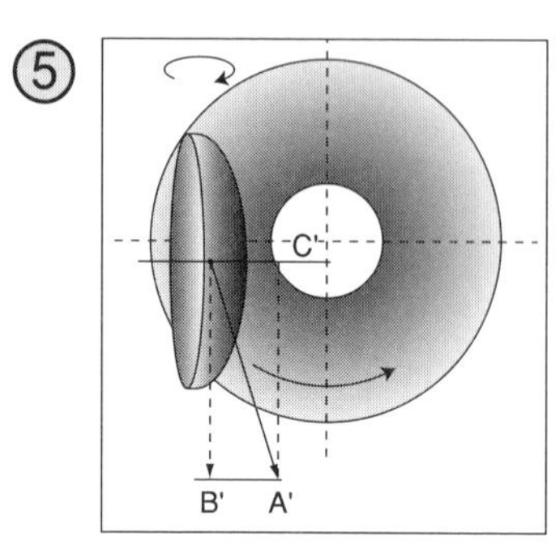

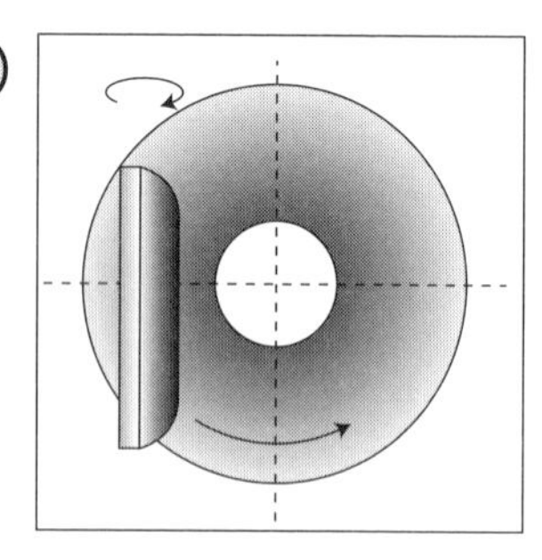

パワーローラーをわずか0.1～1.0mm程度上下に動かすだけで、パワーローラーは傾く。

パワーローラーの軸を上にずらすと、ディスクからパワーローラーへ伝わる力は、ディスクの円の接線方向A（半径と直角の方向）に変化し、それはパワーローラーを回転させる力Bとパワーローラーを外に押し出そうとする力Cを発生させます（図3.27②）。

パワーローラー自体は、図中で上下の方向の軸で固定されているので、Cの力により、上下の軸はそのままでディスクの外周へ向かって傾いていきます（図3.27③）。

パワーローラーが傾いたままパワーローラーの軸を中心に戻すと、接線方向の力はパワーローラーの上下の向きと重なるので、外側へ引っ張る力はなくなり、そのときの傾きを維持します（図3.27④）。

次に、パワーローラーの軸を下にずらすと、ディスクからパワーローラーへ伝わる力A'は、今度は内側に向かうので（円の接線方向）、パワーローラーを回転させる力B'とパワーローラーを内に引き込もうとする力C'を発生させます（図3.27⑤）。

このC'の力により、パワーローラーは円の中心に向かって傾いてきます（図3.27⑥）。

このように、パワーローラーを上下に動かす力だけで、パワーローラーは傾きます。ディスクが高速回転をしているので、パワーローラーを動かす範囲は0.1～1.0mm程度で十分です。

第4章

サスペンション、ステアリング

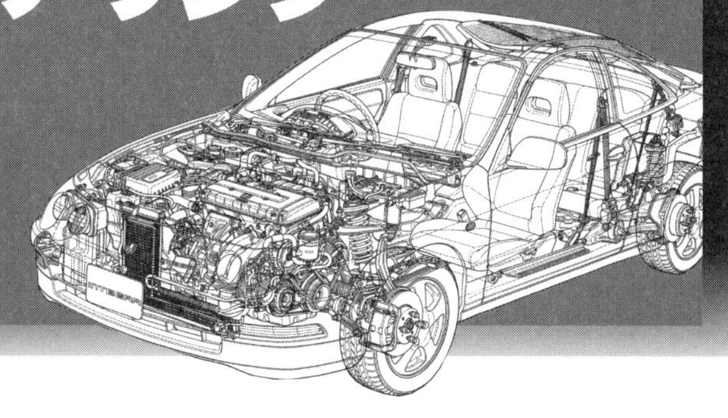

サスペンションは、簡単にいうとタイヤの軸についているバネや衝撃吸収材のことで、タイヤからの振動をやわらげる働きをしています。クルマの重量を支えながら、クルマの振動を吸収して、乗員の乗り心地をよくしたり、荷物を保護する役目があります。

ステアリングとは、タイヤの向きを変えて、クルマの走る方向を変える一連のしくみのことを指します。

サスペンション

道路には凹凸がつきものです。たとえアスファルトで舗装された道路でも、高架の道路を走ればつなぎ目があるし、古い道路は穴があいていることもあれば、わだちがくぼんでいる場合もあります。タイヤの空気で少しはクッションになるといっても限界があり、わずかな段差でも、クルマでそこを通るときにサスペンション（suspension：懸架装置）がなかったら、衝撃が伝わって乗っていられたものではありません。スピードを出すほど、道路から伝わる振動は強く感じられるようになるため、歩く程度の速さでしか走れなくなってしまいます。クルマは、道路に凹凸がなくても、常に揺れながら走っています（図4.1）。

図4.1　クルマの揺れの種類

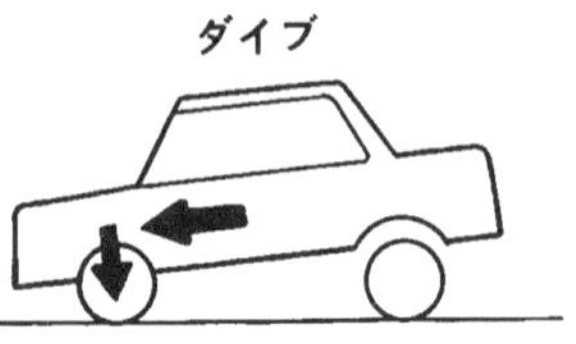

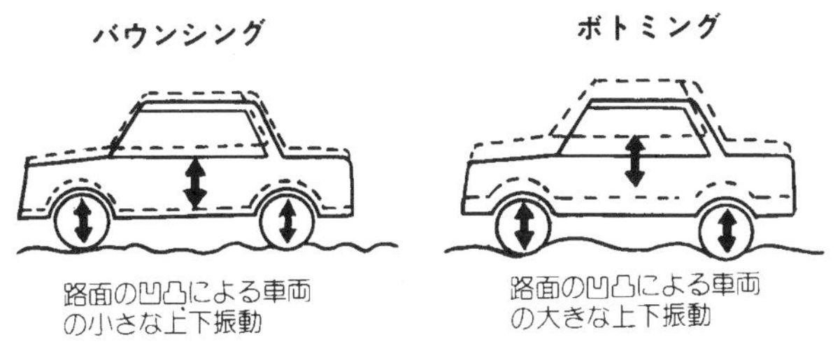

路面の凹凸によって上下の振動が発生しますが、大きな揺れをボトミングといい、小さな揺れをバウンシングといいます。

発進時や加速時には、シートに背中が押しつけられる感じを受けますが、その際、クルマ前方が浮き上がり後方が沈み込む、スクワットという状態になります。逆にブレーキを掛けたときは、前のめりになって前輪が沈み込むダイブという状態になります。サスペンションがあるおかげで、これらのとき乗っている人は体が前後に揺れるだけで済んでいるのです。

また、クルマはカーブを曲がるとき遠心力を受けるため、カーブの外側に力がかかります。右カーブのときは左側に、左カーブのときは右側にと、カーブの外側に傾きます。この状態をロールといいます。このときサスペンションがないと、内側のタイヤが浮き上がって、クルマは簡単に横転してしまいます。

クルマの性能としては、とかくエンジンばかりに話題が集中してしまいがちですが、サスペンションも決して見逃せません。そして、クルマの中でよいものをつくるのが最も難しいと言われているのがサスペンションです（図4.2）。

図4.2　クルマのサスペンションの例

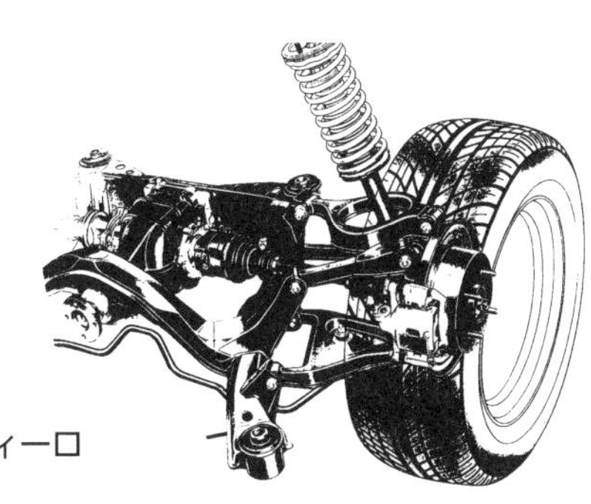

日産：シルビア/セフィーロ

エンジンの性能は、トルクや出力などの具体的な数値で評価ができます。しかし、サスペンションは「乗り心地」という感覚的なものを評価せねばならず、なかなか客観的なデータが取れません。新しいサスペンションにしてみたが古いもののほうがよかった、ということも珍しくないのです。

サスペンションは種類も多く、細かく見てゆくと切りがないのですが、ここでは大まかなしくみを説明します。

車軸懸架式と独立懸架式

サスペンションは、左右が一本の軸でつながっている車軸懸架式（リジットアクスル　：rigid axle；図4.3）か、左右のタイヤが独立している独立懸架式（インディペンデント：independent；図4.4）に分けられます。

図4.3　車軸懸架式サスペンションの例

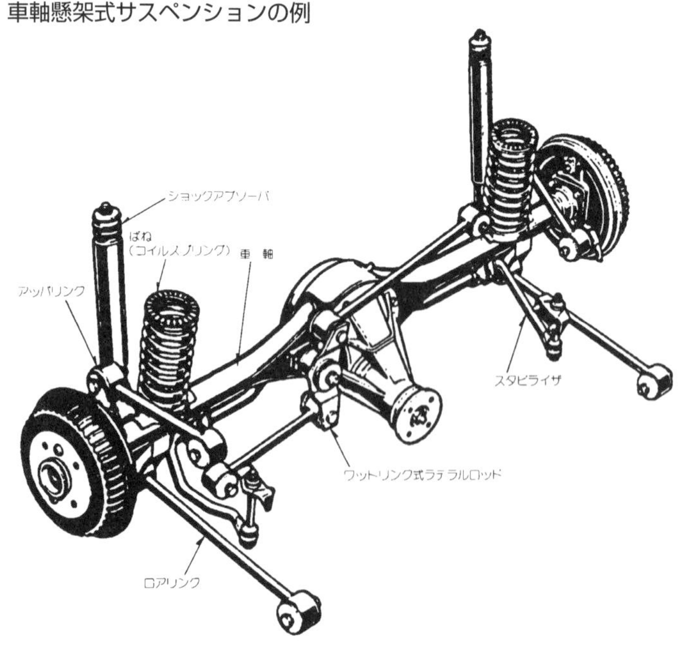

図4.4　独立懸架式サスペンションの例

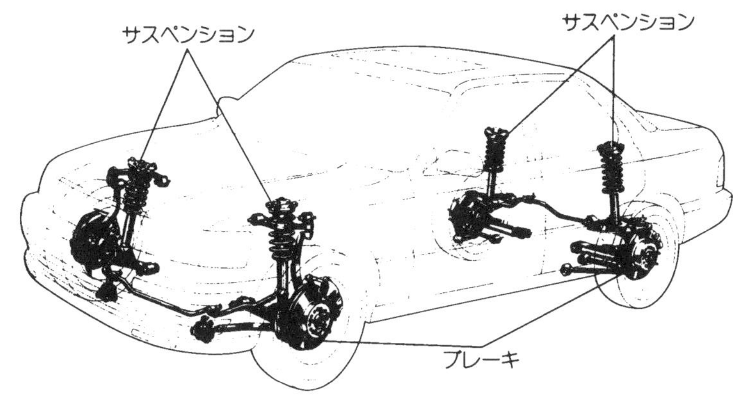

車軸懸架式の場合、片側のタイヤが何かに乗り上げたとき、左右いっしょにサスペンションが働くので、車体が傾きます。それに対して独立懸架式では、車体の傾きが少なくて済みます（図4.5）。

図4.5　車軸懸架式と独立懸架式

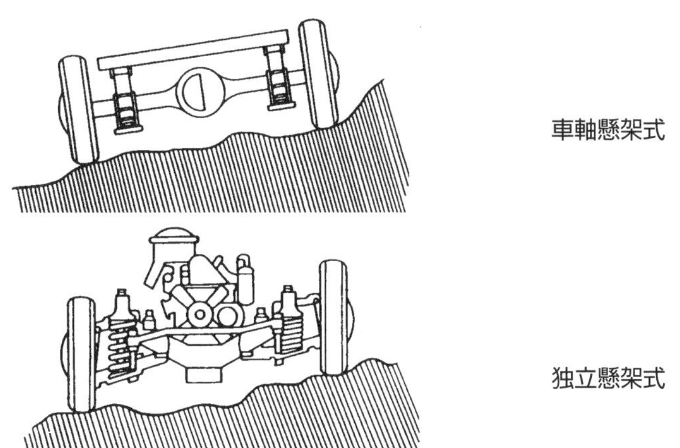

そのため、多くのクルマは独立懸架式を採用しています。しかし、車軸懸架式はシンプルで丈夫という特長があるので、大型車などで使われています。

詳細を説明する前に、現在使用されている独立懸架式サスペンションの代表的なもの3方式を以下に紹介します。

■ストラット式（strut suspension）

ショックアブソーバーを支柱（ストラット：strut）として使用しているサスペンションです（図4.6）。構造が簡単で部品点数も少なく、コストや重量面ですぐれています。また、コンパクトにまとまるので車内空間を広くとることができます（図4.7）。前輪に用いた場合、エンジンルームを圧迫しませんので、前輪のサスペンションとして多く用いられています。

ショックアブソーバーについては113ページで説明しています。

図4.6　ストラット式サスペンションの例

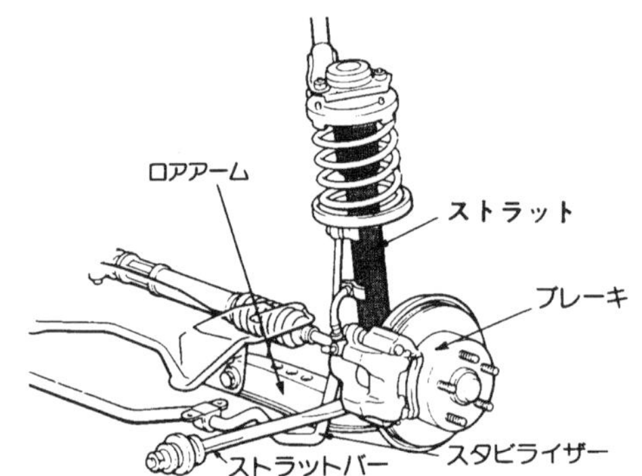

図4.7　ストラット式とダブルウィッシュボーン式の車内空間の違い

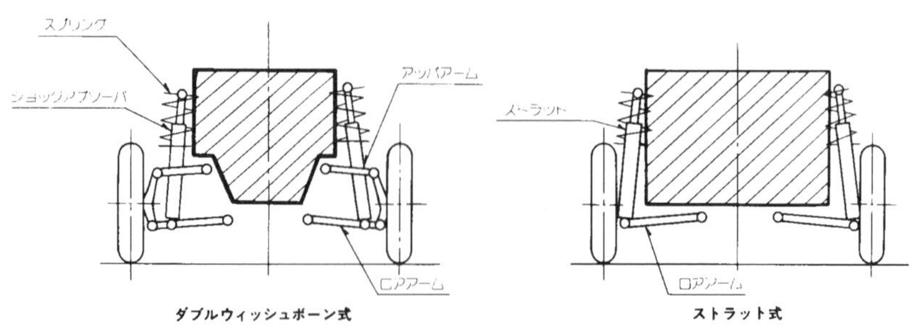

ストラット式のほうが車内空間を広くとりやすい

■ダブルウィッシュボーン式（double wishbone type suspension）

ウィッシュボーン（wishbone）とは鳥の胸骨のことで、これに似た形のアームを上下に2つ使用していることから、このような名前が付けられました。部品点数が多く、コスト面と重量面ではストラット式にはかないませんが、回転軸の傾きや取り付け位置など、自由に設計できるところが魅力です。また、2種類のアームでホイールの回転の中心を支えるので、ショックアブソーバーに無理な力が掛からず、耐久性にすぐれます（図4.8）。

図4.8　ダブルウィッシュボーン式サスペンションの例

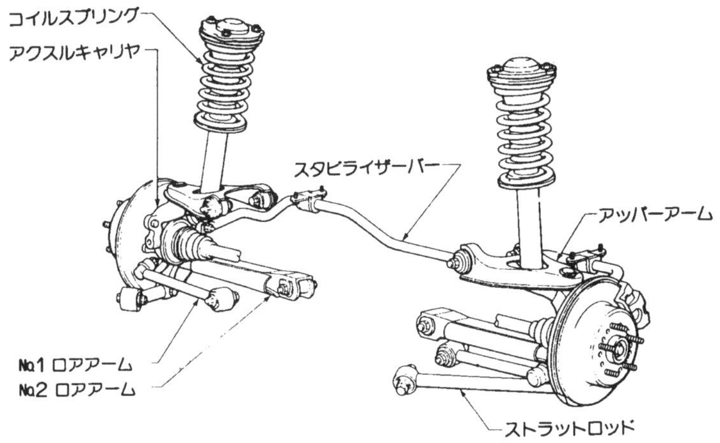

■マルチリンク式（multi-link suspension）

ダブルウィッシュボーン式をもとに開発されたものですが、ダブルウィッシュボーン式との明確な区別はありません。メーカーの判断によって名称を分けています。車軸を複数（マルチ）のリンクで位置決めしていますが、これもダブルウィッシュボーン式と同様です（図4.9）。

図4.9　マルチリンク式サスペンションの例

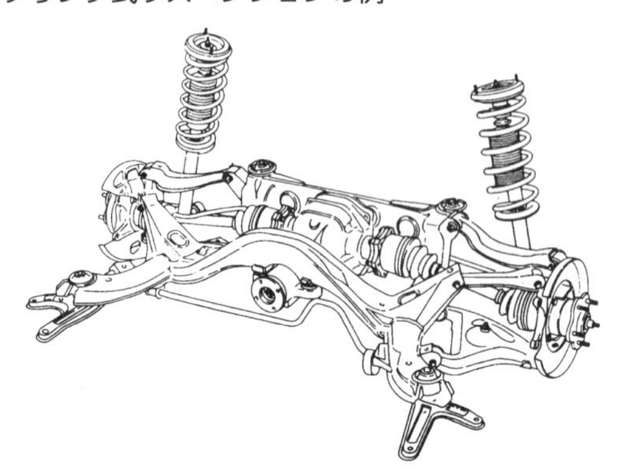

コイルバネ

ショックをやわらげるには、バネを使うのが一般的です。独立懸架式の場合、多くのものは金属（針金）を巻いた「コイルバネ（coil spring）」を使って4本のタイヤを支えています。コイルバネが用いられるのは、安く簡単につくれ、なおかつ十分な強度が得られるからです。

コイルバネはいろいろな形状を簡単に試作することが可能ですので、針金の材質や太さを変えるのはもちろん、ピッチと呼ばれる針金の間隔や巻く際の直径を変えたりして、特徴の異なるバネがつくられています（図4.10）。

図4.10　コイルバネの例

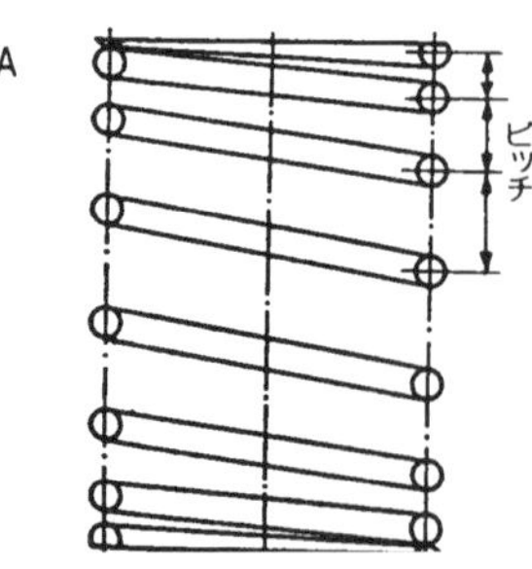

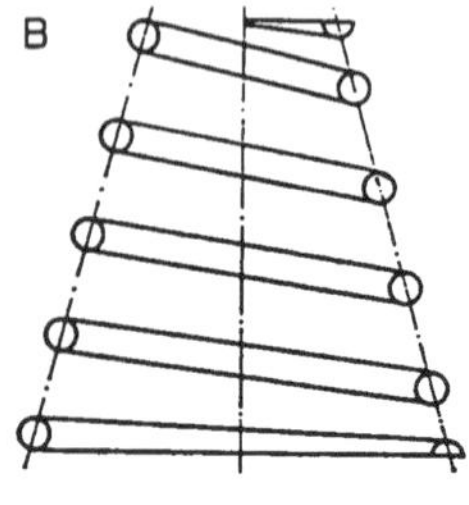

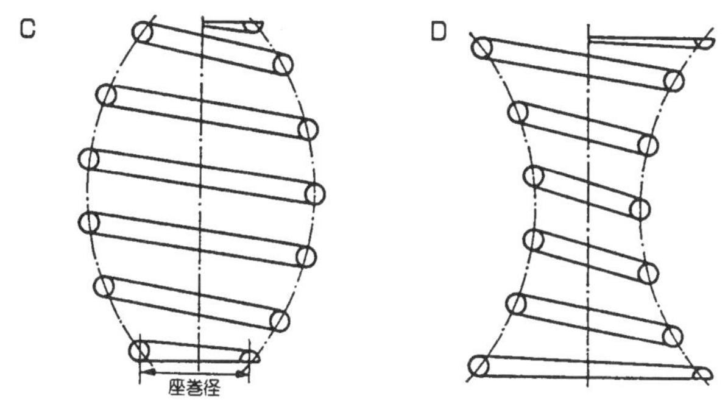

Aは不等ピッチコイルバネ、B～Dは非線形コイルバネ。

サスペンションはクルマの重量を支えるため固いバネでなければなりませんが、かといって、簡単には伸び縮みしないほど固いと、衝撃をやわらげてくれないので役に立ちません。やわらかいバネのほうが乗り心地はよいのですが、大きな衝撃の際には縮みきってしまうことになり、それではサスペンションとしての意味をなしません。

ですから、サスペンションには、小さな衝撃はやわらかく吸収しながらも、大きな衝撃でもきちんとクルマを支えてくれる、という2つの機能が求められています。操縦安定性と乗り心地、相反する2つを追求しています。

ショックアブソーバー

サスペンションで忘れてはならないのが、ショックアブソーバー（shock absorber：緩衝装置）です。

金属でできたコイルバネの上におもりを乗せて、おもりを少し下に押し下げて手を離すと、バネが伸び縮みするのに伴っておもりも上下に動きます。ほうっておくと、しばらくの間揺れ続け、徐々に振れ幅が小さくなってやがて止まります。

このように、バネには振動が長く続くという欠点があります。クルマのサスペンションに使用しても同様です。そこで、クルマに振動を早く止めるための装置をつけることになりました。ショックアブソーバーです。

ブランコに乗って揺られている状況を想像してください。乗りながら揺れを止めるにはどうするでしょうか。手っ取り早いのは、足を地面につけて足の裏（靴の裏）と地面の摩擦力で一気に止める方法だと思いますが、足を地面につけないで止めるとすると、どうするでしょう。おそらく、ブランコが動いているのと逆向きに体を持ってゆくのが最良の方法です。こんな重心移動を2〜3回行えばブランコの揺れはほとんど収まるということを、理屈抜きでみなさんは知っていると思います。

ショックアブソーバーも同じ原理です。オイルやガスで満たされた2つの部屋があり、部屋どうしは小さな穴でつながっています。上から押す力が加わるとオイル（もしくはガス）が下から上に移動し、反動で上に引っ張る力が生じるとオイル（もしくはガス）が下がる構造になっています。このように、常に力の方向と逆方向に中身が移動することで、振動を吸収しているのです。また、中身が穴を通る際に生じる抵抗によっても振動が吸収されています（図4.11）。

図4.11　ショックアブソーバーと作動原理

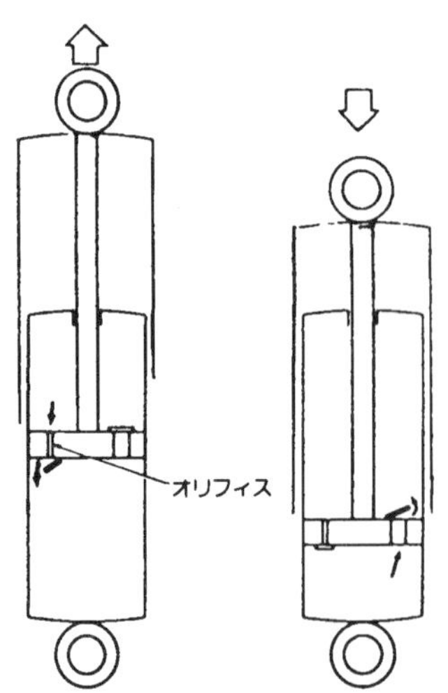

ピストンが伸び縮みする際、内部でオイルやガスが移動することでショックをやわらげている。

バネだけでなく、ショックアブソーバーと組み合わせることで、クルマの揺れは劇的に改善されました。それによって乗り心地は飛躍的に向上しました。

空気バネ

コイルバネは、クルマの最大積載時を想定して固さ等を設計していますので、乗員が運転者のみで荷物も少ないときには、サスペンションが固すぎて乗り心地がよくなかったりします。

そこで、クルマの重量が変わるとバネの強さも変わる空気バネ（エアスプリング：air spring）が開発されました。空気バネの特長は、空気圧を変えられるところにあります。路面の凹凸上を前輪が通過したときにセンサーで感知し、瞬時に後輪のサスペンションに情報を伝達して、適切な空気圧に変えるのです。この空気バネとさらにショックアブソーバーを組み合わせたエアサスペンション（air suspension：空気バネ懸架方式）というシステムで、振動を電子制御しています（図4.12）。

図4.12　電子制御式エアサスペンションの例

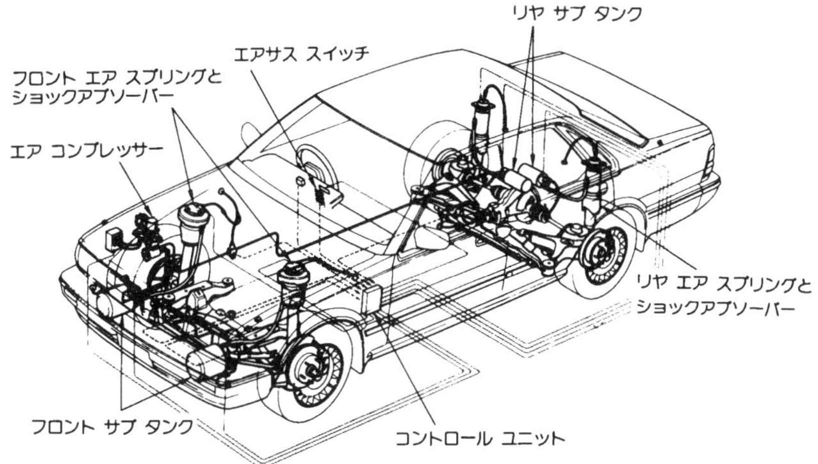

空気バネは、ソフトテニスのボールのようなやわらかいゴム製のボールを想像していただければいいでしょう。ゴムボールが強い衝撃をソフトに吸収してくれるのです（図4.13）。

そして空気の圧力を変化させることで、バネの強さを変えることができます。空気の圧力を変化させるというのは、「ゴムボール」に空気をどれくらい入れるかということです。

もともと空気を利用したバネは、金属でできたコイルバネに比べて、振動がすぐに吸収されるという特徴があります。それにショックアブソーバーを組み込んで一体としたエアサスペンションは、高性能なパフォーマンスを発揮します。

図4.13　空気バネの例

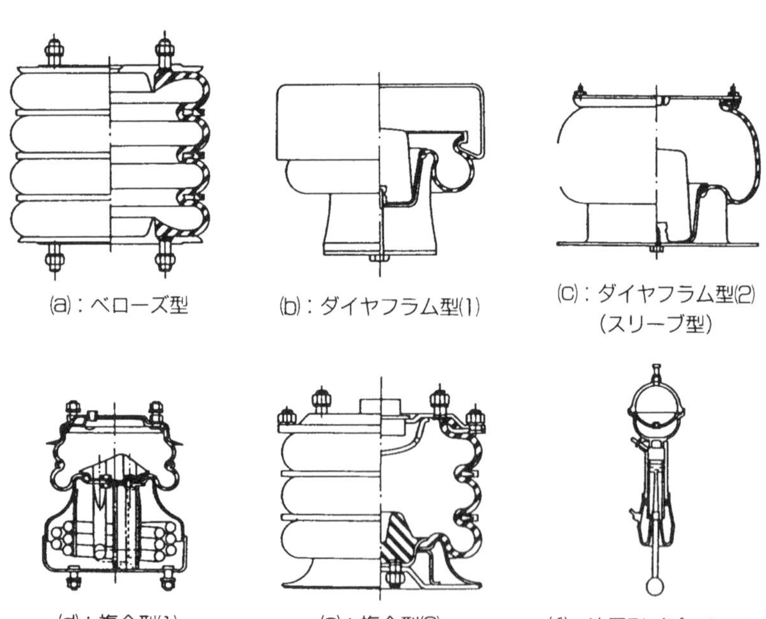

ホイールアライメント

サスペンションの性能には、バネとショックアブソーバーのほかに、ホイールアライメント（wheel alignment）との兼ね合いも大きく関わってきます。ホイールアライメントとは、タイヤやその周囲につけた角度のことです。簡単にいうと、車のタイヤは、前方にまっすぐ転がるように垂直についているわけではありません。

まず、クルマを前から見たとき、タイヤは通常外側に傾斜しています。つまり、逆ハの字の形をしているのです。この傾斜角をキャンバー角（camber angle）と言います。タイヤには、軸を通して重量がかかるため、垂直状態で設置しておくと、ハの字に傾いてしまいます。ですからあらかじめ、タイヤを逆ハの字状態につけておき、重量がかかったときに垂直状態にする、という理屈です。キャンバー角は0.5～2°程度が一般的です（図4.14）。キャンバー角がついているおかげで、ハンドル操作が軽くなります。

図4.14　キャンバー角

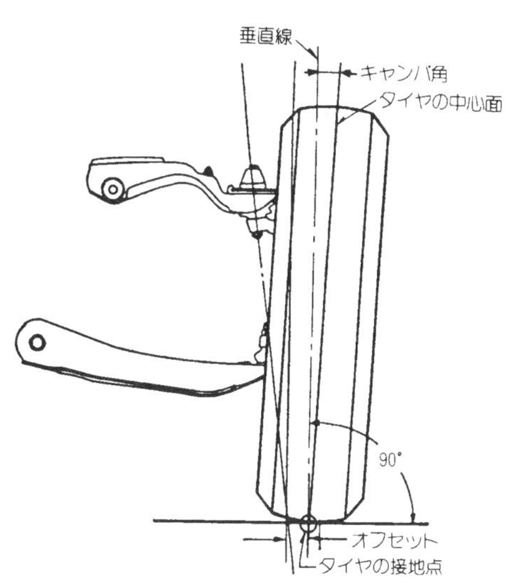

もっとも、このキャンバー角も、タイヤの性能が変わったことなどによって、つけないクルマも出てきました。

つぎに、キングピン傾斜角（kingpin inclination）があります。キングピンは、実際にはついていないクルマが多いのですが、ストラット式サスペンションの場合は、ストラットの角度がキングピンの角度となります。ダブルウィッシュボーン式やマルチリンク式の場合は、キングピンは、ハンドルを回してタイヤの向きを変えるとき、タイヤの回転する中心軸のことを意味します。

部品はなくても、中心軸のある位置がわかります。キャンバー角と同様、クルマを正面から見たときに、垂直線からどれだけ傾いているか、という角度のことです（図4.15）。キングピン傾斜角は7〜8°程度です。

図4.15　キングピン傾斜角

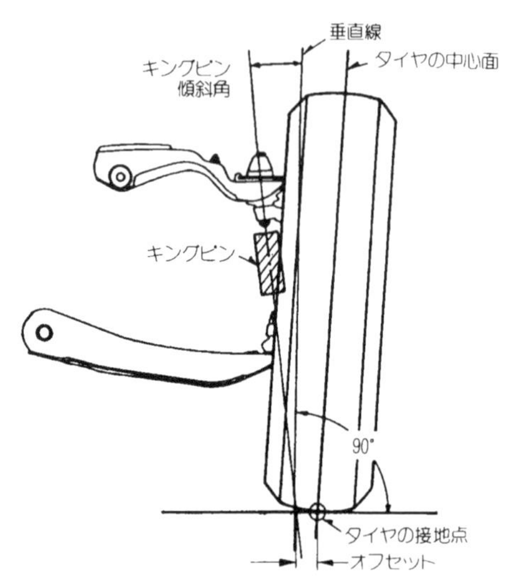

クルマを横から見たとき、キングピンはクルマの前後方向にも傾斜しています。キングピン中心線の、クルマの進行方向に対する垂直線からのクルマ後方への傾斜角を、キャスター角（caster angle）といいます（図4.16）。キャスター角は1〜2°程度です。

キャスター角が大きいほど直進性に優れますので、ハンドルの戻りもよくなりますが、そのぶん重く（回すときに力が必要に）なります。

図4.16　キャスター角

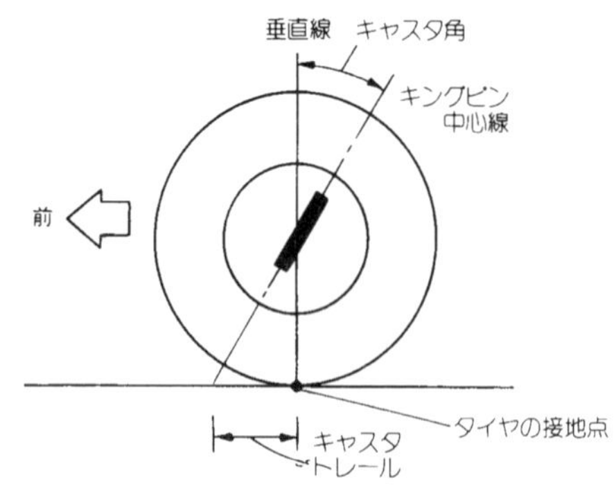

左右の前輪は前方が内側に向いている、いわゆる「内また」状態になっています。このタイヤの前後の左右間隔の差をトーイン（toe-in）といいます（図4.17）。

トーインは、キャンバー角と密接に関係しています。キャンバー角がついたままだと、タイヤは外側へ転がろうとする性質をもっています。それは、自転車やオートバイが曲がるとき、曲がろうとする方向に車体を傾けるのと同じ原理で、キャンバー角のために左右のタイヤにはそれぞれ外側へ向かおうとする力が生じてしまいます。その力を打ち消すために、タイヤを内側へ向けているのです。

図4.17　トーイン

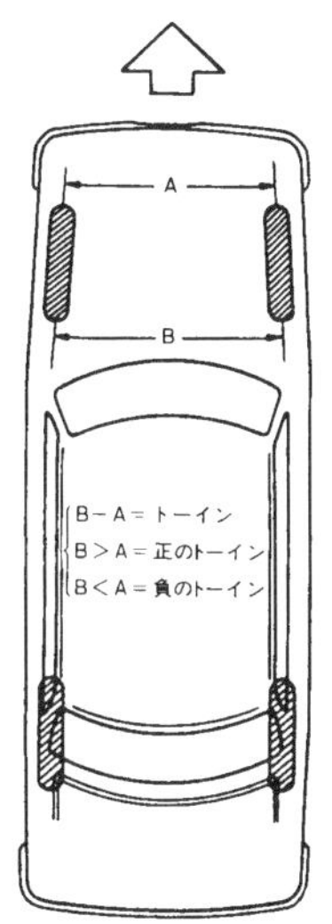

しかし、キャンバー角をあまりつけなくなったので、その影響を受けてトーインもなくなりつつあります。

キャンバーとトーインは、2つセットで調節します。

ステアリング

ステアリング（steering）とは、ハンドル（ステアリングホイール：steering wheel）を回転させてタイヤの向きを変え、クルマの走る方向を変える一連のしくみのことを指します（図4.18）。

図4.18　ステアリング機構

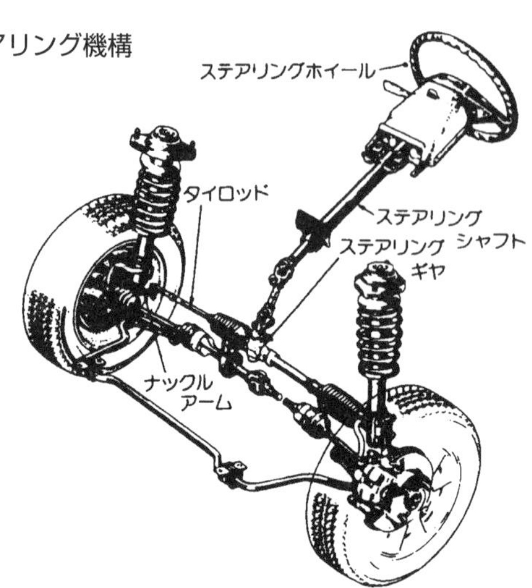

ハンドルを回して、タイヤの車軸と平行につけられたタイロッド（tie rod）と呼ばれる横棒を左右に動かすことで、タイヤの向きは変わります。

ステアリングのギヤ

ハンドルを回す角度が、そのままタイヤの回転角になるわけではありません。もしハンドルの操作どおりにタイヤが回転するとなると、ハンドルは直進状態から左右に2回転くらい回せますので、タイヤもクルクルと2回転することになってしまいます。タイヤが2回転もする必要はありません。実際には、クルマの前輪は左右それぞれに50°くらい（約1/7回転）しか動きません。ハンドルの回転角度よりタイヤの回転角度が少ないのです。これは、トランスミッションと同様、回転力を上げるためです。

クルマの重量はたったタイヤ4本の「点」で支えられているため、タイヤには大きな重力がかかっており、方向を変えるのにも大きな力が必要になります。ハンドルの回転とタイヤの回転を１：１にしていては、運転者が力負けしてタイヤを回すことができません。したがって、ここでもギヤを通してハンドルの回転数よりタイヤの回転数を小さくする代わりに、回転力を上げているのです（図4.19）。

図4.19　ハンドルの構造と各部名称

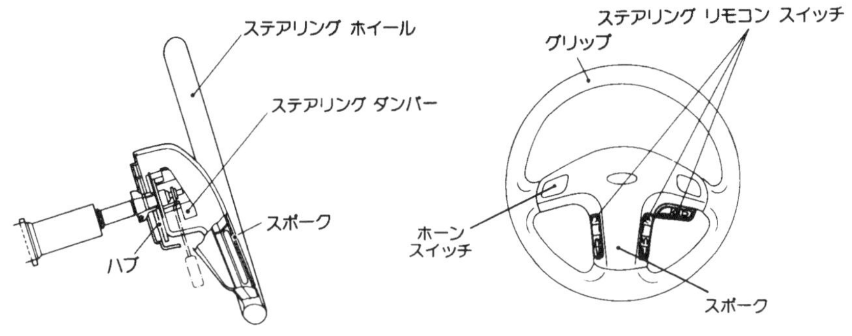

■ ラック＆ピニオン式とボールナット式

ステアリング機構に用いられているギヤは、ラック＆ピニオン（rack and pinion）式とボールナット（ball nut）式の2種類で、現在はラック＆ピニオン式が主流です（図4.20）。ボールナット式は大型車の一部で用いられています。

図4.20　ラック＆ピニオン式の原理

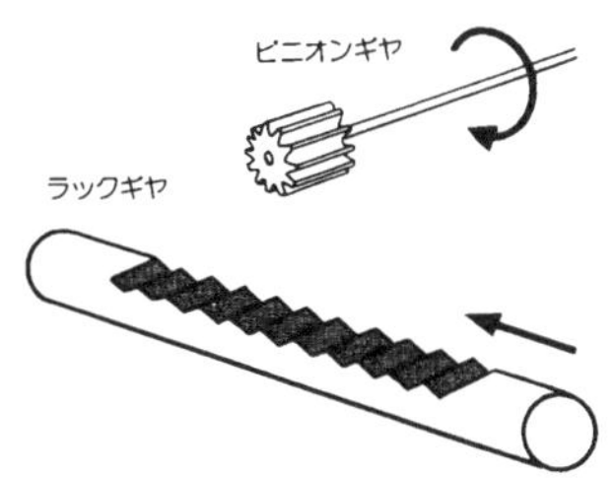

ラック＆ピニオン式は、ピニオンギヤの回転運動を直接、ラックと呼ばれる横棒の直線運動に変えています。構造がかんたんで、機械的な摩擦も少なく、運転者にはハンドルが切りやすいようにできています（図4.21）。

図4.21　ラック&ピニオン式ステアリング

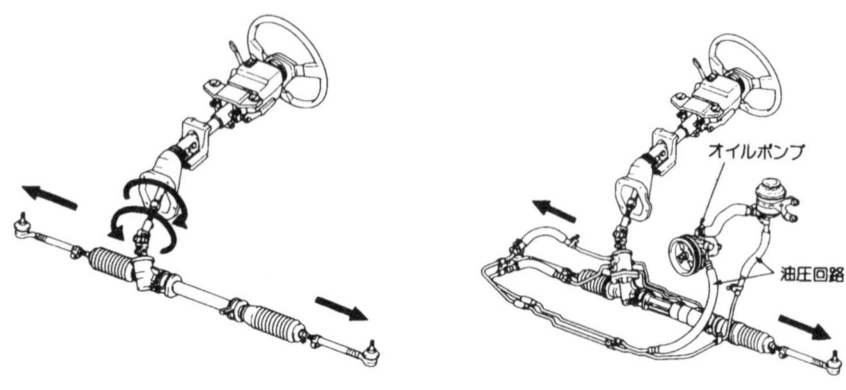

ボールナット式は、らせん状に切られたギヤ機構を持つウォームギヤ（worm gear）を回転させて、ナットを徐々に左右に動かす方式です。ナットとウォームの間にボールが入っていてベアリング（bearing）の役目をしています（図4.22）。

図4.22　ボールナット式のギヤ機構

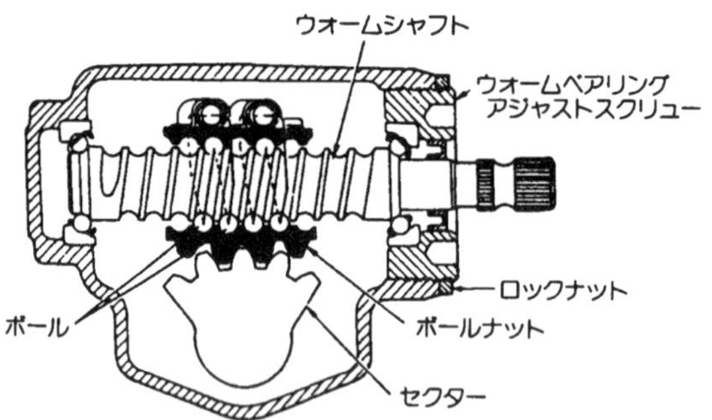

ラック&ピニオン式とボールナット式、どちらの方法にも共通しているのは、ハンドルの回転運動をギヤを介して直線運動に変え、なおかつ回転力を上げているというところです。クルマには、常にトルクの概念がつきまとっているのです。

旋回

旋回の中心点

多くのクルマは、前輪の向きを変えることで、進行方向を変えています。

左右の前輪をともに右へ40°曲げてクルマを動かすと、クルマはすんなりと右へ曲がってゆく……かと思うと、これがそうではありません。おそらく前輪は横滑りをしながら進むことになります。

じつは、クルマが曲がる際、4本のタイヤが同一の点を回転の軸（旋回の中心点）としなければ、素直に曲がることができません。そのためには、前輪のカーブの内側にあるタイヤは、カーブの外側のタイヤより角度をつけなければならないのです。もしも前輪を左右平行にして曲げると、それぞれ旋回の中心点が異なるため、進んだ先のタイヤの軌跡を予測すると、どこかで交差してしまうという奇妙な現象が起こります（図4.23）。

図4.23　旋回時の左右前輪の角度のしくみ

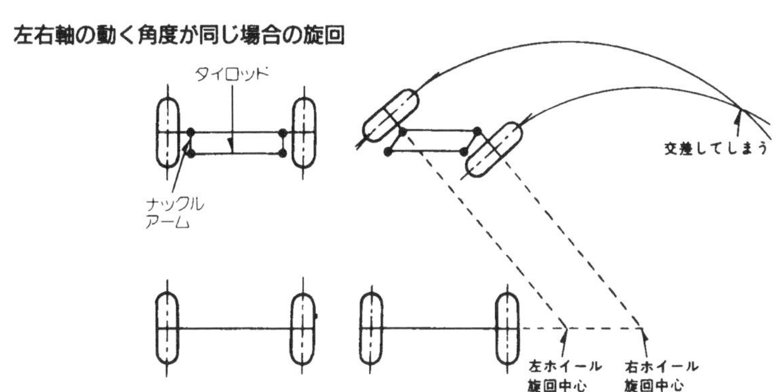

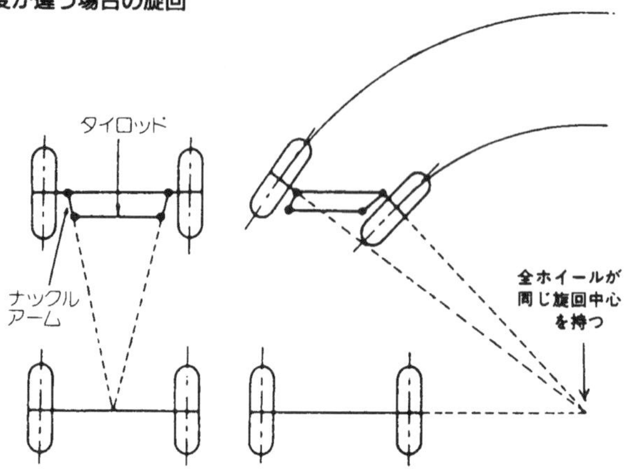

前輪左右軸の角度が同じ場合（上）と違う場合。同じだとタイヤがある1点で交差してしまうので、うまく旋回するには内側のタイヤの角度を大きくしなければならない。

実際に前輪を左右同じ角度だけ曲げて走らせた場合、左右のタイヤが近づいてぶつかるなどということはありませんので、タイヤが横滑りをしてなんとか帳尻合わせをしてくれますが、タイヤの摩耗がはげしくなります。

4本のタイヤの旋回の中心点を一致させるには、最低限、後輪の車軸の延長線上に中心点を持ってこなくてはなりません。

前輪を曲げるには、タイヤが曲がる軸となる部分にナックルアーム（knuckle arm）と呼ばれる部品をつけ、ナックルアームの回転とタイヤの回転が連動するようにしておきます。ナックルアームはタイヤと平行でなく、少し角度をつけておき、この左右のナックルアームの線を延長させて交わった点が、後輪の車軸の中心で交わるように設定しておけば、4つのタイヤはすべて同じ旋回の中心点を持ちます。この方式を、発明者の名前から「アッカーマン・ジャント式」と呼びます。

4WS

４ＷＳ（four wheel steering：「ヨンダブルエス」または「フォーダブルエス」と呼びます）とは4輪操舵のことで、ハンドルを左右に切ると、状況に応じて前輪だけでなく後輪も曲がる機構のことです。

後輪が前輪と同じ方向に曲がる同位相操舵と、前輪とは逆側に曲がる逆位相操舵とがあります（図4.24）。

図4.24　4WSの同位相操舵と逆位相操舵

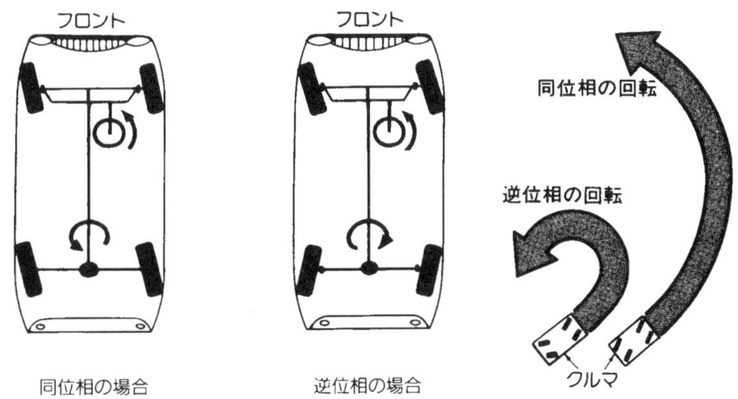

逆位相操舵は小回りがきく。

同位相操舵だと、高速でカーブを曲がるとき後輪も曲がることで外側に振られる「横滑り」の防止になります。後輪をわずか0.5～5°程度前輪と同じ方向に曲げるだけで効果があります。とくに高速運転時の車線変更には効果的です。

逆位相操舵では、内輪差が縮まるので小回りがきき、車庫入れ時など切り返しを行うときに便利です。

1台のクルマが、常に同位相操舵と逆位相操舵のどちらかを一方のみを採用しているのでは、あらゆる場所を走り続けることができません。ある条件のときに採用したり、あるいは途中で両者を切り替えたりする必要があります。

どこで切り替えるかは、クルマの速度で切り替える場合（高速時：同位相操舵、低速時：逆位相操舵）と、ハンドルを何度回すかで切り替える場合（角度が小さいとき：同位相操舵、角度が大きいとき：逆位相操舵）との2種類に大きく分けられます。

一時期、多くのメーカーが採用しましたが、運転感覚がつかみきれないなどの理由で、あまり支持されず、現在はあまり採用されていません。

パワーステアリング

クルマが大きく重くなったり、またタイヤが太くなると、抵抗が大きくなって、タイヤを動かすのにより大きな力が必要になります。強い力を出すために、さらに回転力を上げるという考え方もありますが、そうするとタイヤを少し曲げるのにハンドルをたくさん回さなければならなくなり、実用的ではありません。

そこで、弱い力でも楽にハンドルが回せるようにと考え出されたのがパワーステアリング（power steering）です。一般には「パワステ」と略して呼ばれています。油圧の力を利用しているものがほとんどですが、電動式のものもあります。

原理は以下のとおりです（図4.25）。

クルマが直進状態のときの位置にハンドルがあるとき、オイルは図のAとBのバルブを通ってパワーシリンダー（power cylinder）に入り、CとDのバルブを通ってオイルリザーバータンク（power steering pump reservoir）に戻ります。このとき、左右のオイルの流れる量は同じですから、ピストンは動きません。

ハンドルを右に回したときは、AとDのバルブが閉じられます。するとパワーシリンダーの左側へのオイル供給が止められ、右側はDのバルブが閉じられたおかげでオイルが増えるようになり、オイルの力によってピストンが左へ押されます。このピストンの動きがタイロッドを動かすのを助ける形になり、運転者は楽にタイヤの向きを右に変えることができるのです。これが、油圧式パワーステアリングの大まかな原理です。

図4.25　パワーステアリングの作動

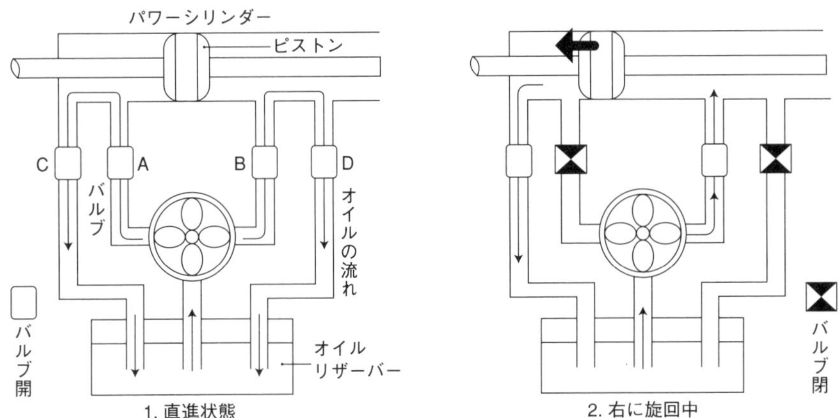

軽い力でタイヤの向きを変えられるからと、クルマが止まっているときにもハンドルを回してしまいがちなため、前輪の摩耗が、後輪の摩耗に比べて著しく早くなる傾向が強くなりました。

第5章
ブレーキ

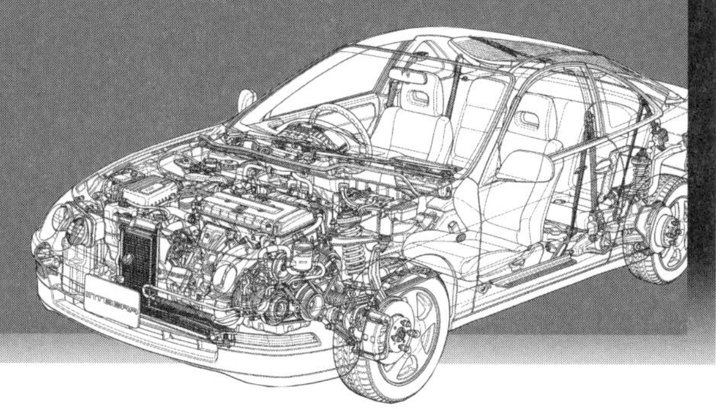

走り出したクルマも、いつかは止まらなければなりません。それにはブレーキを使います。速度を落とすためにもブレーキ（brake）は使われます。「せっかくガソリンを使って走り出したのだから、ブレーキで止めるのはもったいない」なんて思っても、エンジンを切って惰性で走って、クルマが止まったところでクルマを下りる、なんてことを実行できるわけがありません。必要に応じて速度を調整し、運転者の思ったところできちんと止まらなければ、クルマは役に立ちません。

ブレーキはクルマに初めて搭載されたとき、すなわちクルマが初めてつくられたときから大きな構造の変化はありません。本章では、至ってシンプルではあるけれど、故障すると事故に直結するという重要な機構、ブレーキについて解説します。

ブレーキの原理

クルマはガソリン等燃料を燃焼して得たエネルギーを、回転という運動エネルギーに変えて走っています。ということは、クルマの運動エネルギーを奪い取ってやれば、クルマは動かなくなります。つまり、物理学的にいうと、ブレーキは運動エネルギーを取り去る役割を担っています。

自転車の場合、ブレーキパッド（brake pad）を、タイヤといっしょに回転しているブレーキディスクにくっつけ、摩擦を起こしてブレーキを効かせます。

クルマも原理は同じです。ブレーキシュー（brake shoe）もしくはディスクパッド（disc pad）という部品を、ブレーキドラム（brake drum）やブレーキディスク（brake disc）に押し付けて回転を止めます。

運動エネルギーというのは、物体が運動しているからこそのエネルギーですから、回転が止まってしまうとエネルギーはなくなります。ブレーキによって止められたとき、運動エネルギーはどこへ行ったのでしょう？　じつは熱になったのです。ブレーキを使うたびに、ブレーキ周辺では摩擦熱が発生します。運動エネルギーが熱に変わり、その熱が大気中に放出されているのです。

燃料（ガソリン等）
　↓　　　　　←点火
運動エネルギー
　↓　　　　　←摩擦
熱エネルギー

という流れになります。

クルマで使われているブレーキは、ドラムブレーキ（drum brake）とディスクブレーキ（disc brake）の2種類です。ともに原理は同じで、摩擦熱を出します。なお、自動車教習所で習う「エンジンブレーキ」は、特別にクルマに装備されているものではありません、念のため。

ドラムブレーキ

ドラムブレーキは文字どおりドラム（太鼓）の形をしたブレーキで、ブレーキドラムと呼ばれる回転体を内側からブレーキシューで押さえつけて制動（減速や停止をすること）をします（図5.1）。

図5.1　ドラムブレーキの構造と作動原理

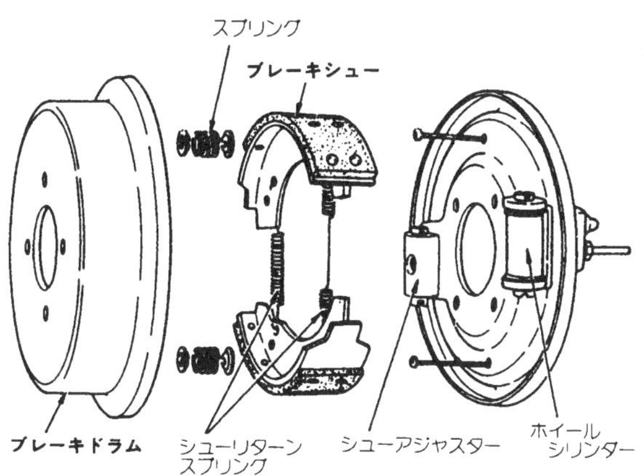

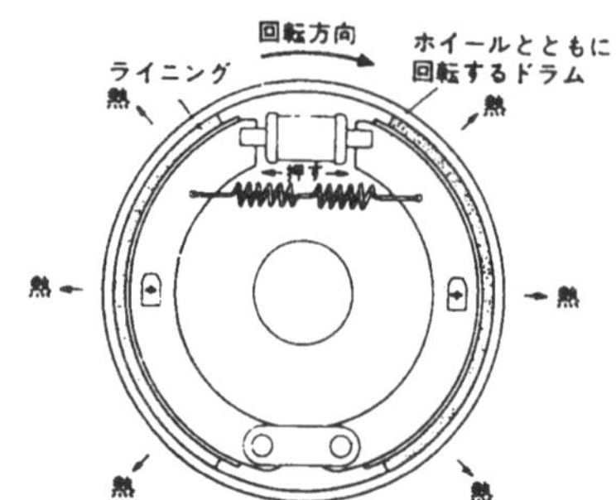

回転するブレーキドラムに内側からブレーキシューを押しつけて、摩擦によって止めている。

ブレーキドラムとブレーキシューがこすれ、摩擦熱が発生します。熱が出たぶん、回転のエネルギーが減ったわけで、回転の速度が落ちたことを意味します。ブレーキドラムは構造がシンプルで、以前はほとんどのクルマの全輪に使われていました。

ただ、ドラムという閉ざされた中で行われるため、この方式は熱がこもりやすいという欠点があります。熱がこもると、ブレーキドラムとブレーキシューのこすれ合う面が高温になり、摩擦力が急に低下し、ブレーキの「効き」が悪くなってしまいます。フェード（fade）現象です。さらに、ブレーキが高温になると、ブレーキ液内に気泡が発生して、ブレーキペダルを踏んでも圧力が伝わらなくなる「ベーパー・ロック（vapor lock）現象」になる危険性もあります（ブレーキシステムについては135ページを参照）。

また、ブレーキドラム内にいったん水が入ると外に出にくく、雨の日や水たまりを通過したあとは、やはりブレーキの効きが悪くなります。

ドラムブレーキは、次に説明するディスクブレーキに徐々に取って代わられてゆきました。

ディスクブレーキ

ドラムブレーキの「熱がこもりやすい、水に弱い」という欠点を克服したのが、ディスクブレーキです（図5.2）。

図5.2　ディスクブレーキの構造と作動原理

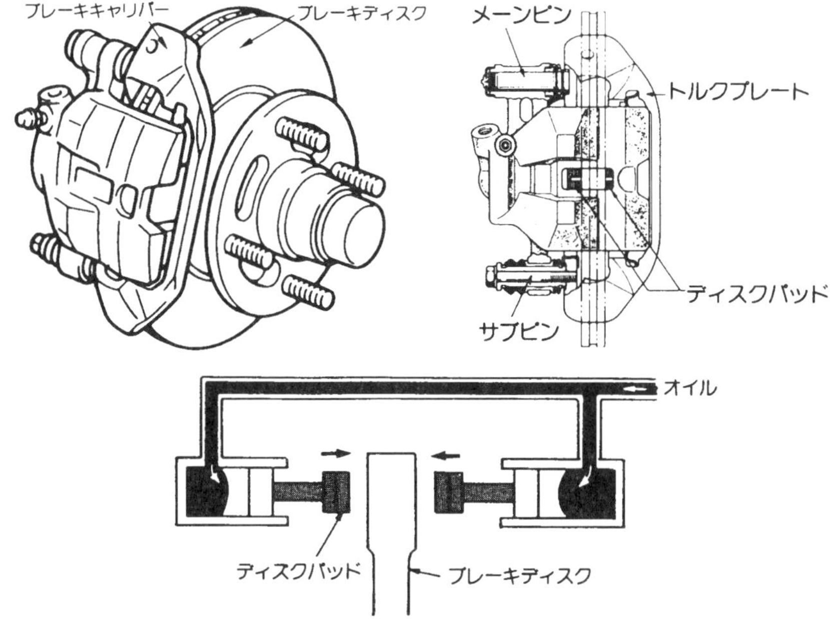

回転するブレーキディスクをディスクパッドではさみつけて、摩擦によって止めている。

ディスクブレーキの構造も、ドラムブレーキに負けないくらいにシンプルです。タイヤとともに回転するブレーキディスクを、ディスクパッドではさみ、摩擦によって制動します。

すべて外部に露出しているので、熱が放出されやすく、また水に触れてもブレーキディスクの回転による遠心力で吹き飛ばされます。高速走行中にブレーキをかけても、制動力が衰えにくくなっています。

さらに、ブレーキの使用頻度が上がっても熱が効率よく逃げてゆくように、周囲に多数の穴をあけたベンチレーテッドディスク（ventilated disc）を採用するクルマが増えています（図5.3）

図5.3　ベンチレーテッドディスク

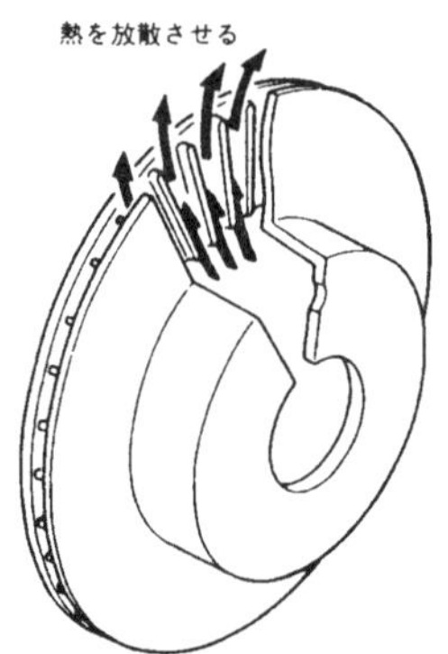

周囲に穴があいているので、熱が出やすい構造になっている。

現在のクルマでは、このディスクブレーキが主流となっています。全車輪に使わなくても、負担の大きい前輪だけでもディスクブレーキを使うなど、ほとんどのクルマに採用されています。

ところで、なぜクルマのブレーキは前輪のほうが負担が大きいのでしょうか？

自転車に乗って実験してもわかることなのですが、前輪と後輪がある乗り物の場合、止まるときは前輪に力が多くかかるからなのです。

自転車に乗って、前輪のブレーキだけをかけた状態で後ろからだれかに自転車を押してもらっても、自転車は動きません。ブレーキがしっかり効くからです。

ところが、後輪のブレーキだけをかけた状態で後ろから押してもらうと、自転車は前に動くのです。これは後輪のブレーキがかかっていないということではありません。後輪はしっかり止まっているにもかかわらずスリップしながら、前輪はゆっくり回転しながら前に進んでしまうのです。つまり、前への動きを止めるときには、前後のタイヤに均等に力がかかるのではなく、前輪に大きな力がかかるということなのです。これは、クルマでいう前のめりになって前輪が沈み込むダイブという状態をさしています（106ページの図4.1を参照）。

だから、すべてのタイヤをディスクブレーキにしない場合でも、負担の大きい前輪はディスクブレーキにしているのです。

ブレーキシステム

ブレーキは4つのタイヤすべてについていますが、その操作は運転者が運転席のブレーキペダル（brake pedal）を踏むことで行います。ブレーキはほとんどが油圧式を採用しています。

ブレーキペダルは、ブレーキブースター（brake booster）につながっています。ブレーキブースターはエンジンが排気するときの負圧を利用して、ブレーキペダルを踏む力をアシストしてくれる装置です。ペダルを踏むとブレーキブースターで油圧が高まり、ブレーキパイプ（brake pipe）によって全車輪まで油圧が届くしくみです（図5.4）。

図5.4　ブレーキシステムの構造（ディスクブレーキ）

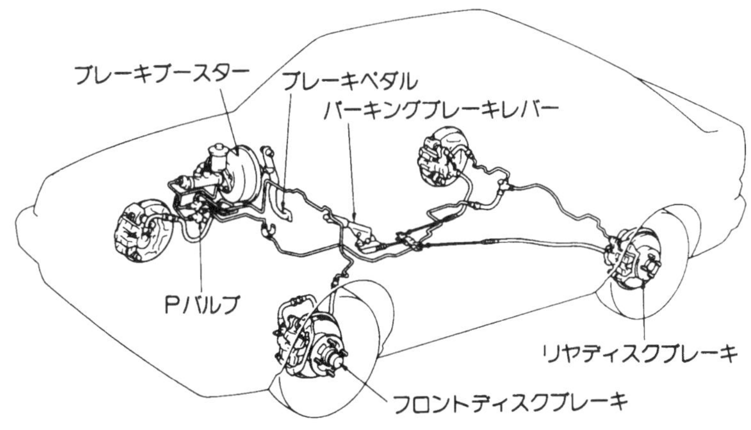

油圧はブレーキブースターで高められるものの、基本的には「パスカルの原理（Pascal's principle）」を応用しています（図5.5）。タイヤそれぞれのブレーキ内のピストンの断面積を大きくして、強い力を得ています。ブレーキペダルを踏む力がさほど強くなくても、高速で走っているクルマを止めることができるのは、運転者の力がより強い力に変わっているからです。

図5.5　パスカルの原理

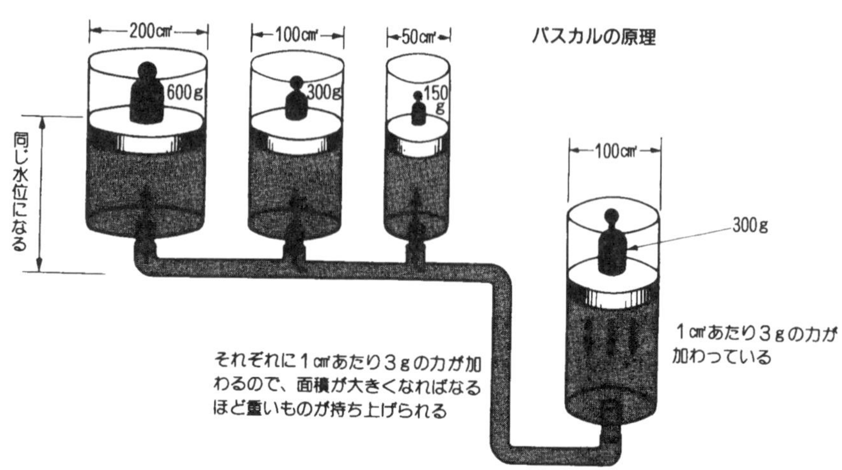

ABS（エービーエス）

高級車を中心に搭載されているABS（anti-lock brake system＝アンチロックブレーキシステム）と呼ばれるシステムがあります。運転者が強くブレーキペダルを踏み込んでも、タイヤがロックしないようにするシステムです。

急ブレーキをかけたとき、タイヤの回転は瞬時に止まり、するとクルマは滑って、ハンドルを回しても運転者の意思とは関係ない方向へ動いてしまいます。そしてなかなか止まりません。スピンしてしまうこともあります。一瞬でタイヤの回転が止まる（ロックする）とタイヤが制動力を失って危険なのです。

自動車教習所では「ポンピングブレーキ」をしなさいと教えます。ブレーキペダルを踏み続けるのではなく、踏んで離して踏んで離して……をくり返してタイヤがロックするのを避けなさいということです。

しかし、急ブレーキを踏まざるを得ないような状況では、なかなかそのような余裕はありません。できない運転者に代わってポンピングブレーキをしてくれるのがABSです。

ABSは、タイヤの回転数と車の速度をつねに把握しています。クルマの速度は、タイヤの直径と回転数から計算できますので、スリップをしていなければ、クルマの速度の実測値とタイヤの回転から計算した値とは一致します。ところが、双方に差が出つつある場合、つまりクルマの速度が速いままタイヤの回転数だけが下がって止まりそうになったとき、コンピュータは「タイヤがロックしそうだ（クルマがスリップしそうだ）」と判断します。

すると、ロックを回避するために、通常ディスクパッドを動かしているピストンとはべつのもう1つのピストンを動かし、油圧を低下させて、ディスクパッドをブレーキディスクから離します。これで、ブレーキ力が低下するとタイヤは回転速度を上げますので、クルマの速度を下げるためにピストンの油圧を上げてまたタイヤの回転を下げる…油圧の上下でポンピングブレーキを行い、やがてクルマの速度を落とすのです。この油圧の増減のくり返しを瞬時に行います（図5.6）。

図5.6　ABSの基本的な構造

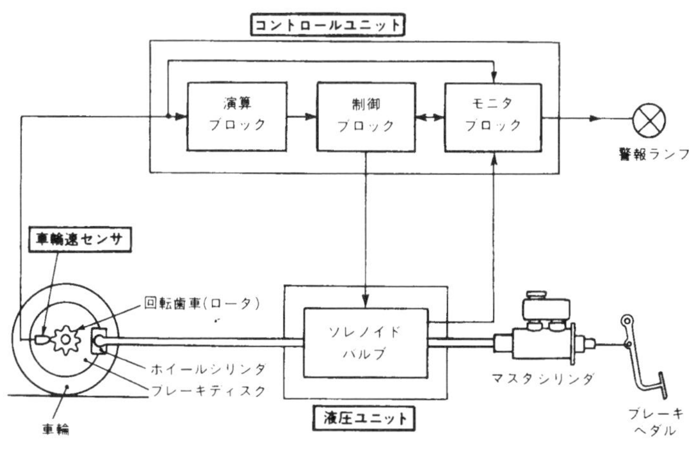

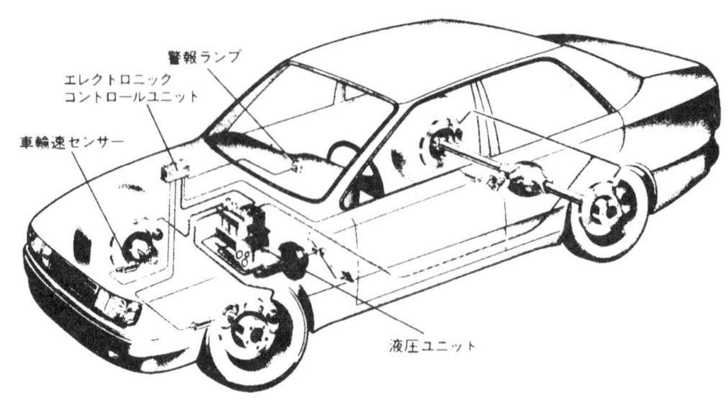

ABSによってスリップせずに、急ブレーキをかけながらハンドルを回してタイヤの向きを変え、クルマが障害物を避けて大きく曲がりながら走る、などということも可能になりました（図5.7）。

図5.7　ABS装着車と非装着車の違い

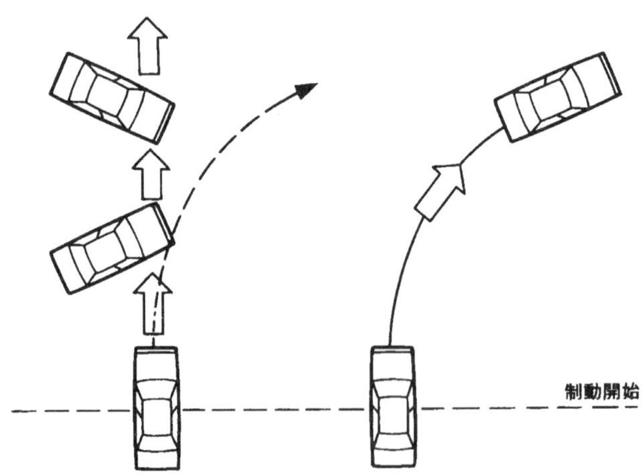

ABS装着車は、クルマが自動的にポンピングブレーキをすることで、急ブレーキをかけながらハンドルを切ってもスピンすることがない。

第6章

タイヤ

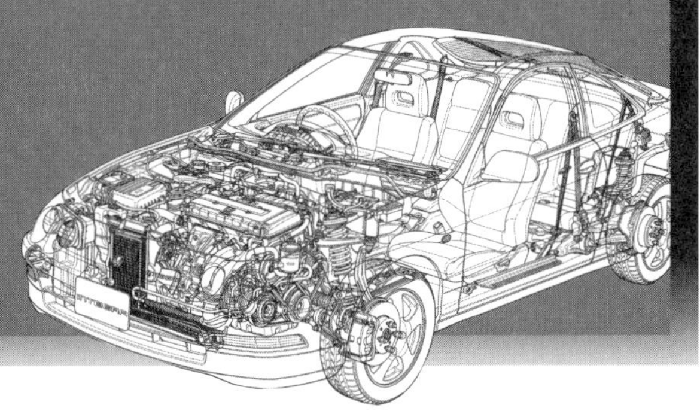

路面を走るクルマで、路面と接しているのはタイヤだけです。「走る」「曲がる」「止まる」という、クルマにとって当たり前のことを当たり前のように行えるのは、タイヤがきちんとその役割を果たしてくれるからにほかなりません。

ほかに、タイヤには「クルマの重量を支える」「路面からの衝撃を緩和する」という役割もあります。

タイヤの表面は厚くて固いゴム（rubber）でできています。とくに接地面は摩擦がはげしいため、簡単に摩耗しない固さでなければなりません。かといって金属のような材質ではすべってしまいます。しっかり路面をつかみ、なおかつ強い品質であることが求められます。

なお、道路にコンクリートでなくアスファルトが使われているのも、摩擦力を高めるという理由があります。コンクリートのほうが固くて丈夫なのですが、アスファルトに比べてすべりやすく、とくに表面が濡れた場合は、クルマがスリップする危険が増すので、道路にはあまり使われていません。

タイヤの構造

タイヤの構造は意外に複雑です。黒いゴムがあって、その中に空気を入れているだけではありません。「走って、曲がって、止まって、…」をくり返しているクルマです。地面と接している唯一の部品タイヤには、まず「丈夫」であることが求められています。

なんといっても、かんたんに空気が漏れてはなりません。わずかな衝撃が与えられただけで穴があかないことも必要です。熱や寒さにも強くなければなりません。これらの条件を満たすために、タイヤの構造は複雑になっています。

タイヤの骨格は、カーカス（casing）と呼ばれる化学繊維です。
「タイヤ＝ゴム」という印象が強いのですが、タイヤのメインはカーカスです。カーカスがタイヤを形づくり、その内側に空気を入れて、外をゴムで覆っています。

カーカスは筋がある繊維です。この筋がタイヤの断面に対して斜めになるように互い違いにカーカスを重ね合わせたタイヤが、バイアスタイヤ（cross-ply tire）です。カーカスの筋がタイヤの中心から放射状、つまり断面に沿ってついているタイヤが、ラジアルタイヤ（radial-ply tire）です（図6.1）。

図6.1　バイアスタイヤとラジアルタイヤ

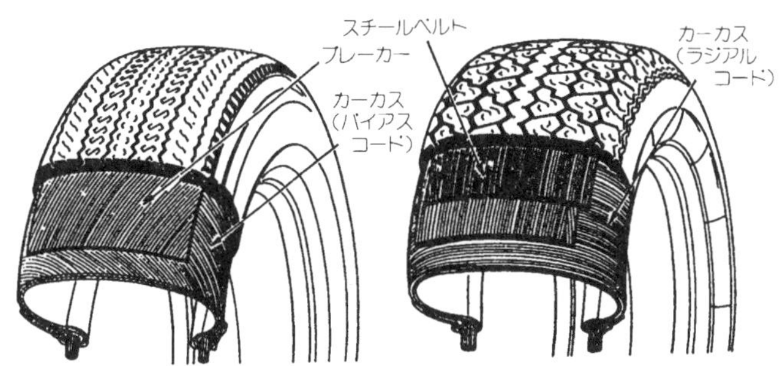

バイアスタイヤ（左）はカーカスを互い違いに重ね合わせてついているが、ラジアルタイヤはカーカスの筋が断面に沿ってついている。

現在、一般のクルマに使われているタイヤのほとんどがラジアルタイヤで、バイアスタイヤはほとんど使われていません。

ラジアルタイヤは「すり減りにくい」「発熱が少ない」「側面がやわらかいので曲がるときにくいつきがいい」「転がり抵抗が少なくクルマの燃費がよい」「寿命が長い」など利点が多いのです。

ラジアルタイヤはカーカスが放射状に張られているので、側面をやわらかくしたり、路面に当たる部分（トレッド）を固くすることができます。しかし、バイアスタイヤはカーカスが90°交差するように巻かれているため、部分的に強度を変えることが難しいのです（図6.2）。

また、ラジアルタイヤは横向きに力を受けたとき（横荷重）には、やわらかい側面が変形することによって、接地部分の面積を変えることなくしっかり食いつき、

図6.2 ラジアルタイヤとバイアスタイヤのカーカスの違い

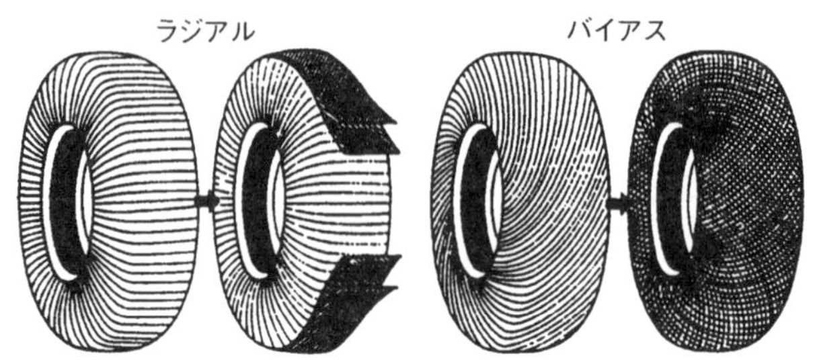

ラジアルタイヤはカーカスが放射状に張られているので、側面をやわらかくできるが、バイアスタイヤはカーカスが90°交差するように巻かれているため、部分的に強度を変えることが難しい。

図6.3 ラジアルタイヤとバイアスタイヤの変形による接地部分の違い

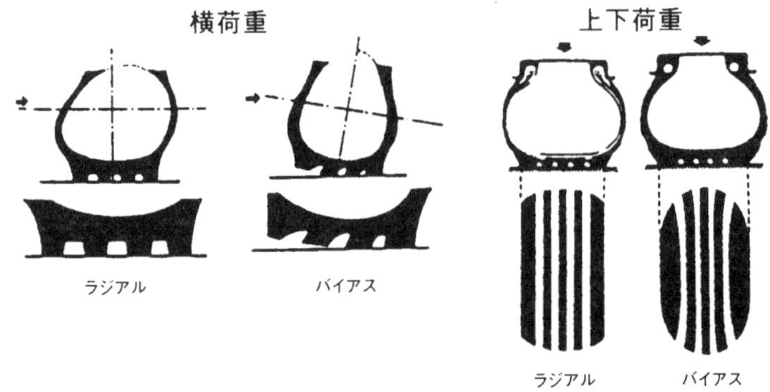

ラジアルタイヤは横荷重には側面が変形することで接地面を保ち、上下荷重には接地部分の固さでしっかり地面をとらえる。バイアスタイヤは横荷重を受けると接地面も浮き上がり、上下荷重には変形してしまうことがある。

上下の力を受けたとき（上下荷重）には接地部分が固いためこれまた変形せずにしっかり地面をとらえるという特長があります（図6.3）。

タイヤの各部の名称と役割は以下のとおりです（図6.4）。

図6.4　タイヤの構造

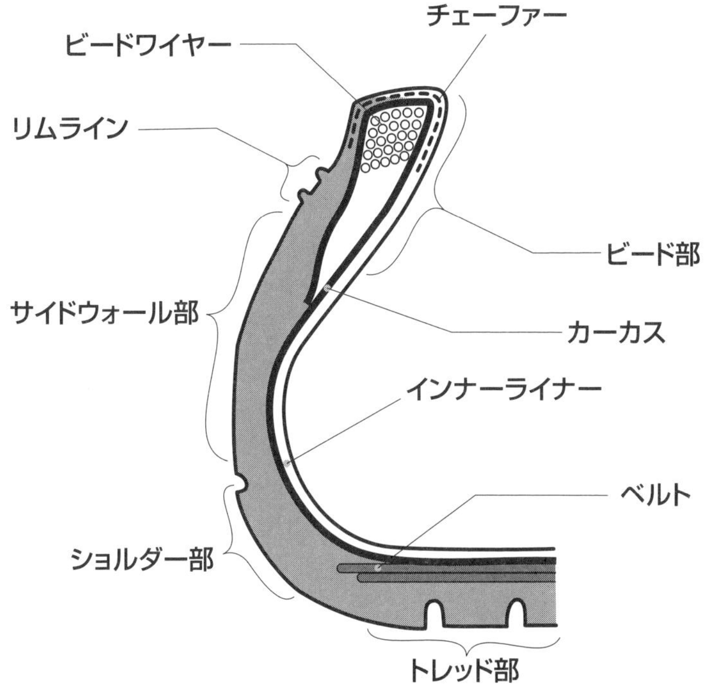

輪切りにした断面図。

1. トレッド部（tread）

路面と接しているため、摩耗しやすい部分ですので、固いゴムを使ってできるかぎりすり減らないようにしています。トレッドパターンという模様が刻まれています。

2. ショルダー部（shoulder）

カーカスを守る役割とともに、走行時に発生する熱をここから出す役割も持っています。

3. サイドウォール部（sidewall）

路面からの衝撃を吸収するために、伸縮がはげしい部分です。トレッド部と異なり、摩耗はおきにくいところですが、道路の縁石にぶつけたりすると傷がつきやすく、注意が必要です。

4. リムライン（fitting line）

ビードが確実にリムに固定されているかどうかを確認するための線です。リム（rim）とは、タイヤが接しているホイール（wheell）の部分です。

5. ビード部（bead）

タイヤとリムを固定させる部分です。中にはビードワイヤー（bead core）という強いワイヤーを束ねたものが入っており、ゴム製のチェーファー（bead protector ply）という補強材によって、カーカスが直接リムに触れて傷つくことのないように保護されています。

6. カーカス（casing）

タイヤの骨格です。

7. インナーライナー（inner lining）

チューブ（tube）に相当するゴムの層です。チューブと大きく異なるのは、クギなどを踏んでも急には空気が抜けないところです。

8. ベルト（bracing belt）

カーカスをタイヤの円周に沿って締め付けている、桶の「たが」のような存在です。ベルトがしっかり締め付けているおかげで、トレッドが路面から力を受けても、タイヤは変形しにくい強さを得ています。

チューブレスタイヤ

ひと昔前は、ほとんどのタイヤの内側にチューブ（tube）がありました。チューブに空気を入れてタイヤをふくらませていたのです。しかし、チューブ付きのタイヤは、時間の経過とともに空気が漏れるという最大の欠点があります。また、タイヤがクギなどとがったものを踏むと、あっという間に空気が抜けてしまい、車は走行できなくなります。

これらの欠点を克服したのがチューブレスタイヤ（tubeless tire）です。チューブより空気の透過性が低いインナーライナー（innner lining＝内張）というゴム層を、カーカスの内側に貼り付けた一体構造になっています。空気がもれにくく、また走行中にクギを踏んでもすぐには空気が抜けませんので、そのまま運転を続けて近くのガソリンスタンドまでは十分に走れます（図6.5）。

図6.5　チューブ付タイヤとチューブレスタイヤ

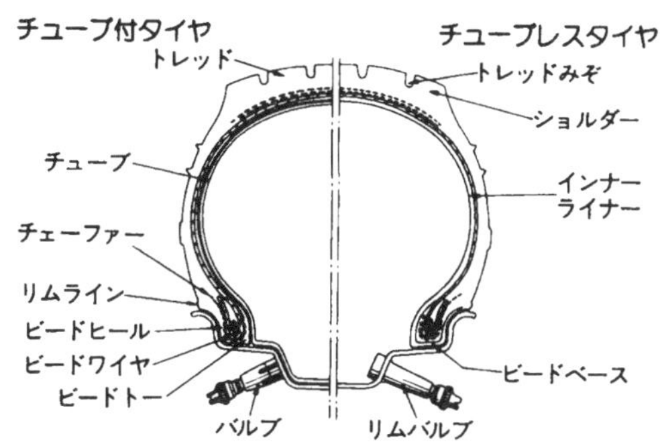

また、チューブレスタイヤの特長には、タイヤ内の空気がリムに直接触れているため、冷却性にすぐれているということもあります。タイヤは摩擦によって走ったり止まったりしているため、熱を持ちます。エンジンやブレーキと同様、タイヤにとっても熱は敵です。高温になると破裂などの危険性が高まりますので、冷却することも大切なのです。

タイヤが黒い理由

カーボンブラック

ところで、タイヤはなぜ黒いのでしょうか？　クルマはデザインも豊富でカラフルになっているにもかかわらず、タイヤは黒いものと決まっています。タイヤの色を変えられたらクルマも見た目が大きく変わるのですが。

タイヤが黒いのは、カーボンブラック（carbon black）が含まれているためです。カーボンブラックとは、その名のとおり「黒い炭素」の粉、かんたんにいうと油を燃やしたときに出る「すす」のことです。

カーボンブラックをゴム（rubber）に加えると、ゴムが強くなるのです。元々、生ゴムというのは白っぽい色をしています。そして、純度100%のゴムは伸縮自在ではなく、伸ばしてもすぐ切れてしまうような弱いものです。ところが、これにカーボンブラックを混ぜると、強い力で引っ張っても切れなくなるほど強くなるのです。

クルマのタイヤにカーボンブラックを入れはじめたのは1912年ころで、それまでのタイヤは、生ゴムの色そのままの白か、現在の輪ゴムのような飴色をしていました。その後、黒になり、現在もタイヤは黒いままという状況が続いています。

タイヤは、どの部分も成分が均一のゴムを使っているわけではありません。地面に接するトレッド部は固いゴム、サイドウォール部は路面からの衝撃を吸収する伸縮に強いゴム、ビード部は空気が漏れないようやわらかいゴム、とそれぞれの部分の特徴に合わせたゴムが使われています。このゴムの性質を変えている要因の1つが黒い色の素、カーボンブラックなのです。

■ シリカ

カーボンブラックがタイヤのゴムに混ぜられるようになって、約90年。カーボンブラックに勝る物質はないと思われてきました。

ところが、近年新たな物質が突如出現したのです。シリカ（silica）です。

シリカとは、二酸化ケイ素（SiO_2）という、土の中などに無尽蔵に含まれている物質です。地球上にいくらでも存在します。無色なのでゴムに混ぜても色がつかず、さらに着色することが可能です。

このシリカをゴムと混ぜることで、強度が変わることがわかりました。現在はカーボンブラックとシリカを混ぜて使用しています。

シリカを混ぜると、

- 低温時に固くなりにくい
- 走行中の抵抗が少ない
- ブレーキの利きが良い

など、多くの点でカーボンブラックのみを使用したときよりも優れた性質を持つようになります。

タイヤが黒いおかげで、自動車事故の現場検証で、スリップ跡からブレーキを掛けた地点を知ることができるともいわれています。このようなカーボンブラックの利点をシリカでもクリアできれば、そのうち、シリカだけを使ったカラフルなタイヤが登場するかもしれません。

トレッドパターンとスリップサイン

トレッドについている溝（tread groove）の模様を、トレッドパターン（tread pattern）といいます。タイヤの駆動力や制動力を上げ、濡れている路面での排水性を上げたり、放熱性を高めるなどの目的があります。

トレッドパターンは複雑で種類も多いのですが、基本的なものは「リブ型」「ラグ型」「リブラグ型」「ブロック型」の4種類です（図6.6）。

図6.6　トレッドパターン

長距離走行すると、路面との摩擦によってタイヤの溝が浅くなります。トレッドパターンがなくなってしまったら、タイヤの駆動力や制動力は著しく落ちてしまい

危険です。このような状態になる前に、タイヤの寿命を知らせるのがスリップサイン（slip sign）です（図6.7）。

図6.7　スリップサイン

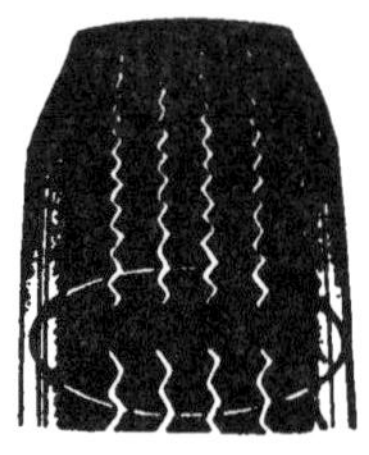
スリップサイン

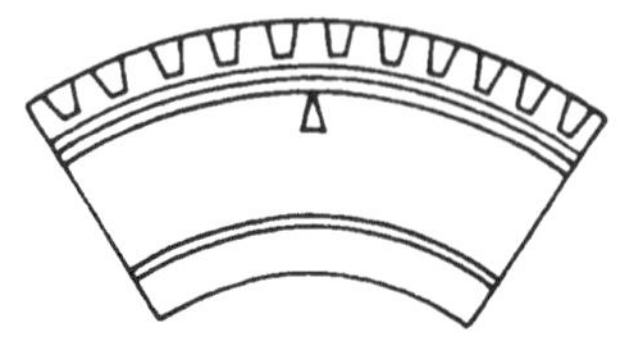
スリップサインを設けている位置を示す△マーク

スリップサインは、タイヤの周上の4〜6カ所に設けられている目印で、そこだけ溝が消えてなくなるというものです。スリップサインの箇所だけ溝が1.6ミリ浅くなっており、そのぶんトレッドパターンより早く消えるのです。スリップサインが出たら「スリップしますよ」という警告のサインです。新しいタイヤに交換しましょう。

タイヤの表示

タイヤには、サイズや性能を表す数字・記号がついています。乗用車の場合、現在主流のラジアルタイヤでは、以下のような数字と記号が付けられています。

① 190/60 R 13 84 H

② 190/60 H R 13

①と②は同じタイヤを表しています。②は従来からあった表示方法、①はISOの表示方法に則ったものです。

190 …… タイヤ幅

60 …… 偏平率

R …… 構造（ラジアルタイヤであること）

13 …… リム幅

84 …… ロードインデックス（LI）

H …… 速度記号

ISOの表示方法になって、ロードインデックスが加わりました。

“R” はタイヤの構造を表しており、この場合ラジアルタイヤであることを示しています。応急用タイヤなどバイアスタイヤの場合は “D” になります。

タイヤ幅、偏平率、リム幅は、タイヤのサイズ（大きさ）で、いわゆる見た目でもわかるような値です。ロードインデックスと速度記号は、見た目ではわからないタイヤの性能を表しています。これらの数値の意味を説明してゆきましょう。

タイヤのサイズ

タイヤのサイズは以下のとおりです（図6.8）。

図6.8 タイヤのサイズ

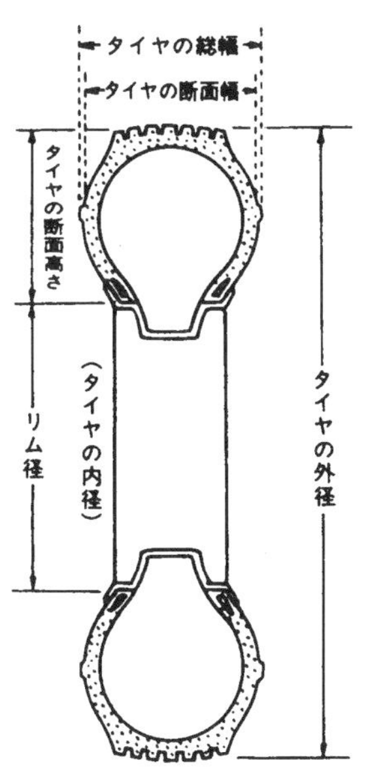

1. タイヤの外径

タイヤの大きさを表しています。タイヤの外周部分の直径。

2. タイヤの総幅

タイヤの側面の模様や文字を含んだサイドウォール間の距離。

3. タイヤの断面幅

タイヤのサイドウォール間の距離。タイヤの総幅から側面の模様や文字部分を除いた長さです。

4. リム幅

タイヤの性能を有効に発揮させるのに適したリム幅のことで、標準リムと許容リムがあります。標準リムとはタイヤに最も適した幅と形状をもつリムを指し、最適幅はタイヤ幅の70〜75%とされています。

5. リム径

タイヤを付けるホイールのリム径。

6. タイヤの断面高さ

タイヤの高さともいわれる値です。

偏平率と偏平比

図6.9　偏平率と偏平比

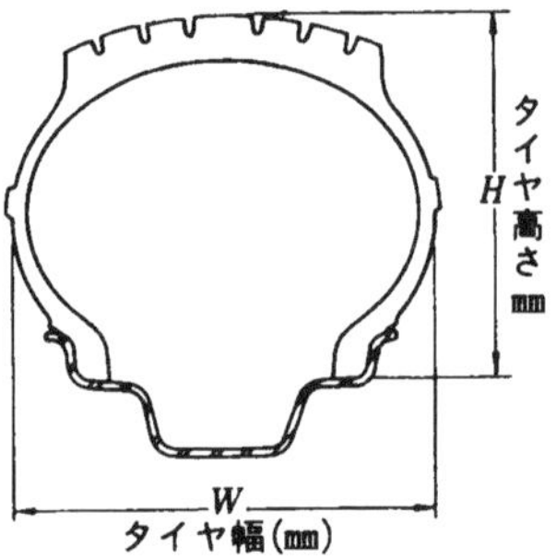

偏平率とは、タイヤの断面の偏平の度合を百分率（%）で表した数値です。タイヤの幅（W）に対するタイヤの高さ（H）の割合ですので、式は

偏平率＝H÷W×100

で表されます（図6.9）。

偏平比とは、偏平の度合をそのまま小数で表した値で、偏平率を100で割った値で表します。

偏平率と偏平比は、たとえば75%と表示するか0.75と表示するかの違いで、表す内容は同じです。

偏平率＝H÷W×100

偏平比＝H÷W

偏平率が小さいほど、タイヤ幅に比べてタイヤの高さが低いということで、クルマが曲がるときにヨレにくいという特徴があります。

ロードインデックスと速度記号

ロードインデックスとは、規定の条件のもとで、そのタイヤにかけることができる負荷の最大質量（kg）を示す数値です。表6.1のような値を意味しています。

表6.1　ロードインデックス（LI）と最大負荷値（kg）

LI	最大負荷値	LI	最大負荷値	LI	最大負荷値	LI	最大負荷値
60	250	76	400	92	630	108	1000
61	257	77	412	93	650	109	1030
62	265	78	425	94	670	110	1060
63	272	79	437	95	690	111	1090
64	280	80	450	96	710	112	1120
65	290	81	462	97	730	113	1150
66	300	82	475	98	750	114	1180
67	307	83	487	99	775	115	1215
68	315	84	500	100	800	116	1250
69	325	85	515	101	825	117	1285
70	335	86	530	102	850	118	1320
71	345	87	545	103	875	119	1360
72	355	88	560	104	900	120	1400
73	365	89	580	105	925	121	1450
74	375	90	600	106	950		
75	387	91	615	107	975		

速度記号とは、そのタイヤが規定の条件のもとで走行できる最高速度のことです。速度記号のアルファベットは、**表6.2**のような内容を表します。

表6.2　速度記号と最高速度（km / 時）

速度記号	最高速度	速度記号	最高速度
L	120	H	210
M	130	V	240
Q	160	W	270
S	180	Y	300

窒素ガスの充填

通常、タイヤの中に入れるのは空気ですが、近ごろ「窒素ガス」を入れるのが話題になっています。

窒素ガスを入れる最大の利点は静粛性、つまり静かであることにあります。走行中、タイヤは回転しながら路面と接触することによって音が発生します。この音は、路面とタイヤの性質によって大きく変わるのですが、タイヤの中の気体を変えることでも変化します。空気と窒素とでは音の伝達速度が違います。ですので、タイヤ内に窒素を入れた場合、タイヤと路面が接触して生じた音は、タイヤの内と外で伝わる速さが異なるようになるため共振が起こらず、音の大きさが増幅されないのです。

窒素ガスを充填することには、ほかに「気体（窒素）が抜けにくい」「気圧（窒素圧）が変動しにくい」「ホイールが劣化しにくい」などの利点も挙げられます。

もともと空気は20%が酸素で80%が窒素という成分比で、ほとんどが窒素で占められています。なのに違いがあるのか？という疑問もあるのですが、確かに違うのです。

タイヤの空気が抜けるのは、空気がゴム分子の間から通り抜けて外へ出てしまうからです。酸素のほうがこの通り抜けの性質が強いため、酸素をすべて窒素に置き換えることによって、通り抜けをグッと抑えることができます。

そして、窒素は温度による体積の変化が少ないので、走行中のタイヤの温度や外気温が変化するたびに、圧力が上下することもありません。

また、充填するのは「窒素100%」ですので、酸素はもちろん水分ですらゼロなのです。チューブレスタイヤでは気体（窒素）が直接金属でできているホイールに接していますので、酸素と水がなければ錆びることもありません。

窒素と空気、似たものなのですが、酸素を取り除いて窒素を100%にすることによって利点が生まれるのです。

第7章

環境対策

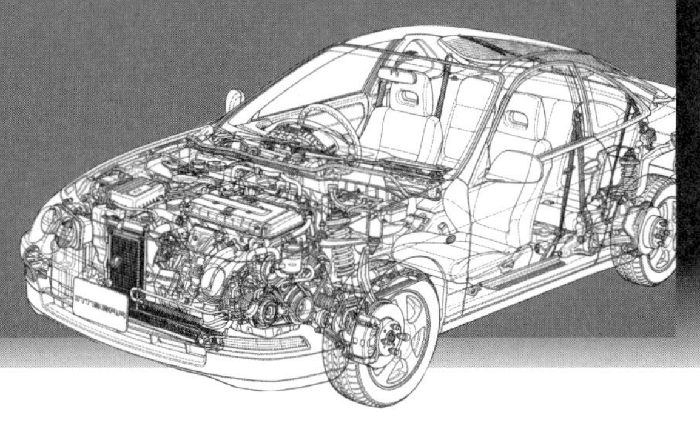

「地球環境」というキーワードの下、企業も環境対策を行わないと生き残れない時代になってきました。自動車業界も、排ガス問題で矢面に立たされることが多く、環境対策を柱に据えたクルマづくりをしなければならなくなってきました。

環境対策といっても、自動車でそれを実践するやり方はさまざまです。第2章で説明した排ガスを浄化するというのも1つですが、たとえばクルマの部品をリサイクルできるようにする、というのも地球環境を考えた対策です。これらは「捨てるものを減らす」という視点での環境対策と言えます。

省エネルギーも環境対策です。エネルギーという資源をできるかぎり節約するという視点から、クルマの燃費をよくするというアプローチのしかたもあります。

本章では、エンジンに関する「リーンバーン」と「可変動弁」という2つの技術を取り上げます。

リーンバーン

■ 希薄燃焼

リーンバーン（lean burn）とは、希薄燃焼という意味です。リーンバーンエンジンはガソリン濃度の薄い混合気を燃焼させるエンジンです。ガソリンの使用量を減らし石油資源を節約する、リーンバーンという概念は古くからありました。

54ページで、ガソリン：空気＝1：14.7が理想的な比率、理論空燃比だと説明しました。この質量比で混ぜると、ガソリンと空気で反応し合う分子の数に過不足がないと言われているからです。

しかし、昔から「石油は限りある資源」であることはわかっており、燃料をなるべく使わないでクルマを走らせたいというのは、環境問題がいまほど取りざたされていなかった時代からの技術者たちの願いでした。そこで、理論空燃比より薄いガソリンで動くエンジンを開発することにしたのです。

問題は、どのくらい薄くするかです。薄くしすぎると、シリンダー内でスパークプラグから火花を飛ばしてもうまく燃えません。不完全燃焼してしまいます。

①混合気に必ず点火できる

②NOxの発生量が少ない

③力が落ちない

という三条件を満たす濃度を求め、リーンバーンエンジンの空燃比は1：23くらいに設定されました（図7.1）。

図7.1　空燃比とNOx発生量の関係

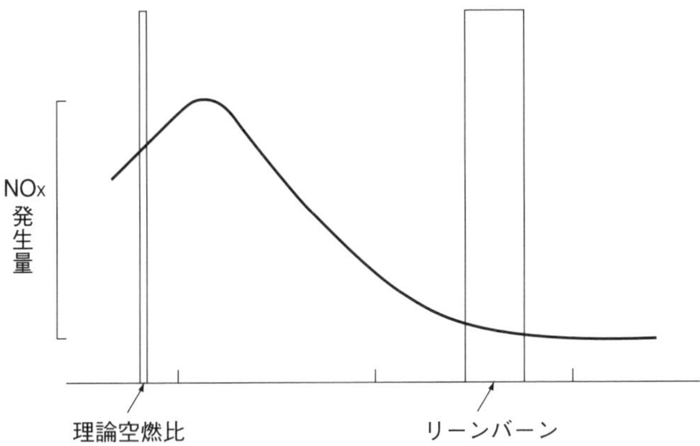

NOxは理論空燃比である14.7を超えた16付近で最も多く発生するが、その後減り続け24を超えたあたりから安定する。

図7.1でNOxの発生量を見ると、理論空燃比14.7付近は、23付近よりも多くなっています。けれど理論空燃比の場合、触媒コンバーターのおかげで酸化還元反応が起こるので（50ページ参照）、エンジンからNOxが発生しますが、大気中に出る前に取り除かれるので問題ありません。

ガソリンエンジンの場合、出力の大小を、混合気（ガソリンと空気）をどれだけ取り込むかで調整しています。ディーゼルエンジンは、燃料である軽油を直接シリンダー内に噴射しますので、噴射量を調節するだけで出力も調節できるのですが、ガソリンエンジンの場合、あらかじめ混合気という状態にしてエンジン内に送り込むので、シリンダー内でガソリンの量を調整するわけにはいきません。

混合気の量を調節するのがスロットル（スロットルバルブ：throttle valve）です。スロットルを全開にしたとき、空気が最も多く入ってきますので、同時にガソリンも多く入ることになり、エンジンの出力が最大になります。なお、スロットルはアクセルペダルと連動していますので、スロットルを開くか閉じるかは、運転席のアクセルペダルを踏み込むか足を離すかの違いによって生じます（図7.2）。

図7.2　スロットルの位置

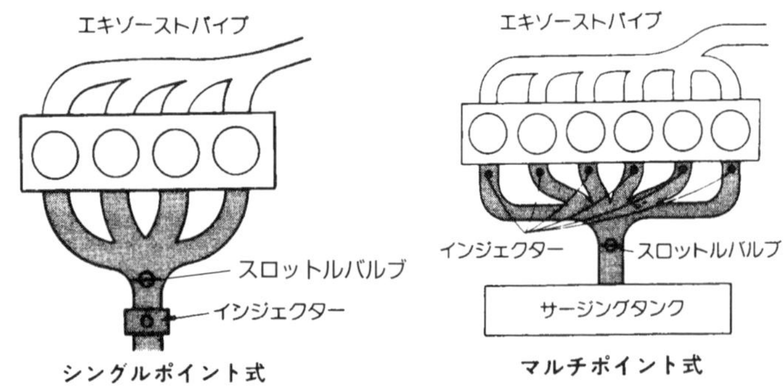

インジェクターの位置に変わりはあっても、基本的にスロットルの位置はエンジンの気筒数にかかわらず1カ所。

ふだん私たちがクルマで走るとき、アクセルペダルをめいっぱい踏み込むという場面はそんなにありません。全運転時間中、ほとんどの時間でアクセルペダルをほんの少ししか踏んでいないので、スロットルはわずかしか開いていない時間が大半です。このときエンジンは、全力を出しておらず、余力がある状態なのです。リーンバーンエンジンはここに着目しました。つまり、定速巡航のときは高出力でなくてもよいのです。

しかも、空気をたくさん送り込むことでスロットルロスも防げます。

スロットルが少ししか開いてないときは、細い隙間から空気を取り入れるため、ガソリンを燃やして得たエネルギーを、空気を吸い込む力として使わなければなりません。この空気を吸うときの抵抗をスロットルロスと言います。もっと空気を取り入れるようにすれば、スロットルは開かれるので、吸うときに抵抗がなくなるという利点もあるのです。

仮に1mgのガソリンを燃やすとき、理論空燃比だと空気の量は14.7mgですが、これを23mgにすれば50%増えたぶんスロットルを開くことができるので、スロットルロス（空気抵抗）が減らせるというわけです。

当然のことながら、エンジンは、従来の理論空燃比とは異なり、ガソリン：空気＝1：23くらいで常用運転できるようにつくります。

しかし、リーンバーンエンジンはNOxの発生量が少ないにもかかわらず、触媒で完全に取り除くことができなかったなどで、近年ますます厳しくなっている排ガス規制をクリアするのが難しく、結局廃れていきました。

■直噴エンジン

このリーンバーンエンジンの「希薄燃焼」の目的を受け継いで開発されたのが、直噴エンジンです。直噴エンジンは、圧縮行程のときのシリンダー内に、ガ ソリンを直接噴射（直噴）するものです。ディーゼルエンジンのようですが、ディーゼルエンジンでは軽油が自然発火するために点火する必要がないのに対して、直噴エンジンの燃料はガソリンですので、スパークプラグで点火する必要があります。

直噴エンジンでは、空燃費が先のリーンバーンエンジンの１：23どころではなく、１：40とか１：50という、とてつもなく希薄な混合気を燃やします。いわば超リーンバーンです。

さきほど、空燃比が1：23に設定された理由のひとつに「必ず点火できる」ということを挙げました。1：23は点火できる濃度のギリギリの値と考えてよく、とすると1：50の混合気内に火花を出しても、薄すぎてガソリンはうまく燃焼しません。

しかし、これは混合気のどの部分を取ってみても「すごく薄い」のだから火がつかないのであって、この「すごく薄い」混合気を不均一にして、ある部分は濃度を濃く、その他の部分は「もっとすごく薄い」状態にし、濃い部分に点火すればガソリンは燃えるのではないかと考え、それを実現したのが直噴エンジンです。

シリンダーに吸い込むのは空気のみ。吸い込む前に混合気はつくりません。ガソリンは、インジェクターからシリンダー内に直噴します。ガソリンを霧状に噴射するのですぐ気化し、火がつきやすい条件が整います。あえてガソリンを拡散させないで、噴射された近くでスパークプラグで点火するわけです（図7.3）。

図7.3　従来型エンジンと直噴エンジン

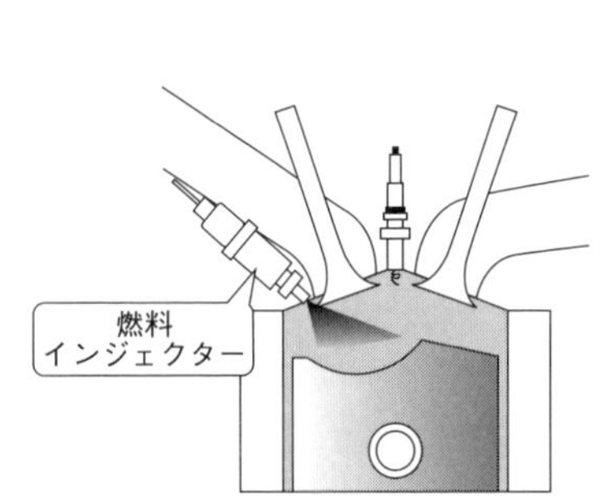

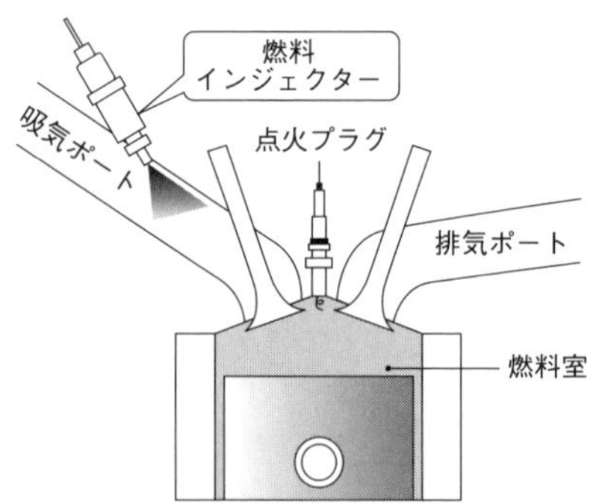

従来型エンジン（左）は燃焼室に入る前の空気にガソリンを噴射し、混合気にしてから燃焼室へ入れるが、直噴エンジンは空気だけをまず燃焼室へ入れて、燃焼室へ直接ガソリンを噴射する。

ピストンの圧縮行程時に燃料を噴射して、スパークプラグ周辺には燃えやすい混合気を集め、その周りには燃料のない空気層をつくり出します。

また、直噴エンジンでは、排気ガスの一部をエンジンに再度吸気させることが可能で、これを排気ガス再循環（EGR＝Exhaust Gas Recirculation）と言います。大量の排気ガスを再循環させることで、スロットルロスを防ぐとともに、NOxの発生量を低減することも可能になりました。

そしてなにより、ガソリンを直噴することで、ガソリン量を直接自由自在に調節でき、常に最適な燃料をシリンダーに送ることで、従来のガソリンエンジンと変わらないスムーズな運転が可能です。

しかし、リーンバーン状態で走れるのは定速巡航のときだけ。「ちょっと加速したい」と思っても力が出ず、一気に理論空燃費か、それよりガソリン濃度が濃い状態になってしまいます（図7.4）。そのため直噴エンジンも、トータルとしては画期的に燃費が向上するというほどではないようです。

代表的なガソリン直噴エンジンには、三菱自動車工業のGDIや日産自動車のNEO Di、本田技研工業のi-VTECI、トヨタ自動車のD-4、マツダのDISI TURBO/DISIなどがあります。

図7.4　リーンバーンと理論空燃比燃焼

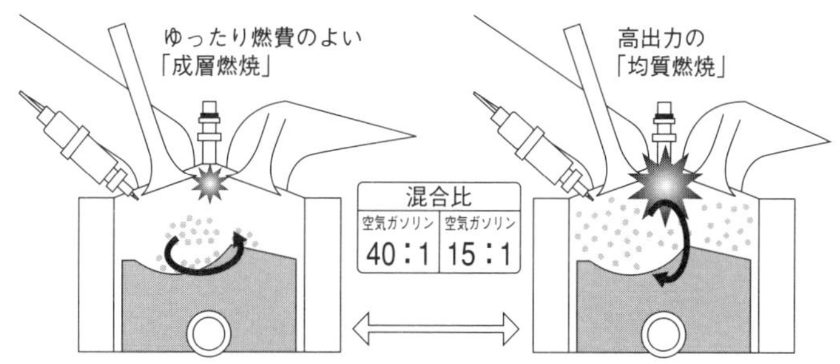

リーンバーン（左）か理論空燃比での燃焼、どちらかになる。

可変動弁

第2章で、エンジンは「吸入→圧縮→爆発→排気」という4つの行程があると説明しました。吸入バルブが開いて混合気を取り入れ、圧縮と爆発は密閉されたまま、反対側の排気バルブが開いて排ガスを出す。4サイクルエンジンでは、この4つの行程にピストンの片道の動きが対応しています。

排気から吸入に移るときだけ、両方のバルブが連続して開いています。このとき、ピストンが上死点に上がった段階で、しっかり燃えカス（排ガス）を外に出し切ってから排気バルブを閉じ、吸気バルブを開けて新しい空気（混合気）を入れなければなりません。

もし、吸気バルブと排気バルブが両方開いているようなことがあったら、新しい空気（混合気）と排ガスが混じってしまうことになります。新しい空気がそのまま燃えずに外に出てしまうかもしれませんし、燃えカスである排ガスがもう一度、圧縮→爆発の行程に入ってしまうかもしれません。それでは燃焼効率が落ちてしまいます。

このようなことのないよう、工夫しているエンジンが現在はあります。

わざわざ工夫しないといけないの？　と思われるかもしれませんが、ええ、工夫しないといけないのです。それを説明するには、カムの話をしなければなりません。

表7.1に、吸入→圧縮→爆発→排気4行程時のクランクとカムの回転角をまとめました。4行程のあいだに、クランクは2回転し、カムは1回転します。角度で表すとクランクは720°、カムは360°ということになります。

表7.1　カムとクランクの回転角

	吸　入	圧　縮	爆　発	排　気
クランク	0～180°	180～360°	360～540°	540～720°
カ　　ム	0～90°	90～180°	180～270°	270～360°

カムに注目してください。吸入、圧縮、爆発、排気それぞれの行程で、等しく90°ずつ回転しているのがわかります。ということは、吸気バルブを開閉するカムは、この表でいうと0～90°のところでカムの長径部分がバルブ（もしくはロッカーアーム）を押し、排気バルブを開閉するカムは270～360°のところでバルブを押せば問題ありません。

ところがカムは、その形状から、バルブを、

開け始めて→最も大きく開けて→閉じ始めて→完全に閉じる

という一連の流れを、90°の範囲では行えないのです。165ページの図7.7に「カム作動角」というのが載っていますが、この角が45°以内でないと、90°よりもっと角度が広がって、吸気側、排気側双方のバルブとも、前後の行程にはみ出して開閉が行われてしまうのです。

となると、先ほど書いたような、排気が完全に終了してないのに吸気側のバルブが開いてしまう、といったことも起こってしまいます。この排気バルブと吸気バルブがともに開いている部分を、バルブオーバーラップ（valve overlap）と言います。

これを図で表すと図7.5のようになります。ピストンの上下運動とともに、クランクが回転しているようすだと思ってください。円のいちばん上が、ピストンが上死点にいるときで、いちばん下が下死点にいるときです。

右回りで外側の「吸入」から順に回り始め、内側の「圧縮」を通って黒色で塗りつぶされたところは「爆発」行程、そして「排気」と、一連の流れになります。いちばん外側の吸気バルブは、ピストンが上死点にいる少し前から開き始め、下死点に達した後、上死点に向かって上がり始めてしばらくしてから閉じています。続いて、圧縮行程と爆発行程の後、排気バルブが開かれますが、そのタイミングはピストンがまだ爆発の勢いを得て下死点に向かってる途中、まだ下死点に到達する前に開いて、ピストンが下死点に達して上死点に向かって上り始め、上死点に達してちょっとたって、また下死点に向かおうとしているときに、排気バルブは閉じられています。

この最後の排気バルブが閉じられるタイミングと、最初に吸気バルブが開かれるタイミングをみると、双方が開いている部分があることがわかります。

図7.5 バルブタイミングダイヤグラム

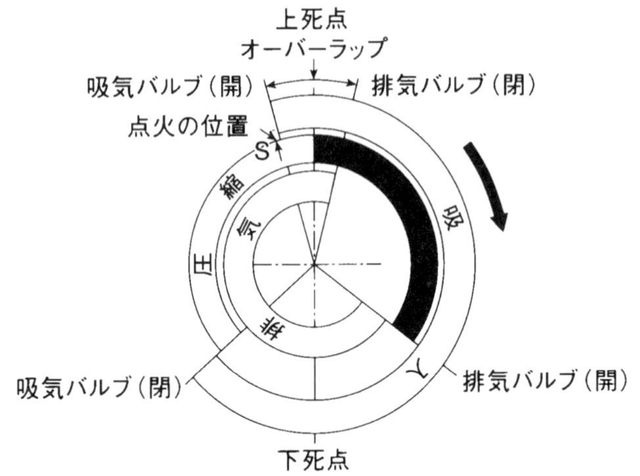

いちばん上の部分（上死点）の前後で、吸気バルブが開いてからしばらくして排気バルブが閉じている。この間、吸気バルブ、排気バルブが両方開いていることになる。

これは、各回入替制の映画館で

① 1回目の上映がおわったあと、客を全員左側の出口専用扉から外へ出して、全員が出たのを確認してから2回目の客を右側の入口専用扉から入れる

ようにしたいのに、現実は

② 1回目の上映がおわったあと、客を全員左側の出口専用扉から外へ出しながら、右側の入口専用扉を開けて2回目の客を入れる

ようになってしまっている状況にたとえられます。

映画館としては、同じ客に二度も見てほしくないし、次の客がドドッと大勢でなだれ込んで、まだ見てない客が出口から外へ出されてしまうようなことになってもいけませんから、どちらも避けなければなりません。それには①のようにするのがいちばんです。

クルマの場合も①のように、基本的には燃焼前の空気（燃料）と燃焼後の空気を

混ぜないようにするという工夫をしています。これをしているのが可変動弁(かへんどうべん)という機構で、新しいカムによってバルブの開き方を変えるシステムです。

■ 可変バルブタイミング

「バルブの開き方を変える」1つの方法が、バルブ開閉のタイミングを変える可変バルブタイミング（variable valve timing）です。

可変バルブタイミングとは、エンジンの運転状態によって吸気バルブの開閉タイミングを変える機構のことです。排気バルブのタイミングは変えません。

まず、アイドリング時は吸気バルブの開閉タイミングを遅らせ、排気が完了してからバルブを開くようにして、燃焼を安定させます。バルブオーバーラップは起こらず、問題なく回ります。

ところが、低中速回転でエンジンに負荷が多くかかるときになると、開閉のタイミングが変わります。アイドリング時のようにバルブオーバーラップを避けて開タイミングを遅らせると、バルブの開いている角度は変わりませんから、閉タイミングも遅れることになります。ピストンが下死点から上死点に向かっている圧縮時でありながら、バルブが開いている現象が起きてしまいます。吸気バルブから空気が抜けるので圧縮はできず、それでは高い負荷がかかっているにもかかわらず、回転力が得られません。そのため低中速回転では、吸気の閉タイミングを早めて十分圧縮ができるようにしてやるのです。

すると、開タイミングも早まってバルブオーバーラップが拡大しますが、このときは混合気に燃焼済みのガスが残っていても、燃焼温度を低下させてHC、NOxの排出量を低減させる効果があります。ポンプロスの低減にもつながるため、結果的に燃費も向上します。

そして、エンジンが高速回転して高負荷がかかるようになると、今度は空気をたくさん吸い込むために、吸気バルブの閉タイミングを遅らせます。なるべく空気を吸入する時間を長くするのです。

高速回転していると、吸入時の空気は勢いよく燃焼室に入ってくるため、ピストンが下死点に達したのち、上死点に向かって空気を圧縮し始めていても、まだしばらく吸入が続けられるのです。したがって、カムの閉タイミングを遅らせることで、開タイミングも遅れることになり、結果的にバルブオーバーラップは起こりません。

つまり吸気バルブの開閉タイミングは

アイドリング時――遅らせる　＝開タイミングを遅らせたいから

低中速回転時―――早める＝閉タイミングを早めたいから

高速回転時――――遅らせる　＝閉タイミングを遅らせたいから

と分けられます。

理由は異なるのに、結果としてアイドリング時と高速回転時は、カムのタイミングがそろって「遅らせる」になるというのも、おもしろい結果です。

図7.6はトヨタの可変バルブタイミングシステムの例です。クランクの角で30°（カムだと15°）ぶんのズレを出してタイミングを調整しています。ズレは、カムの角度をひねることによって出しています。

図7.6　可変バルブタイミングの例（トヨタ4A-GEエンジン）

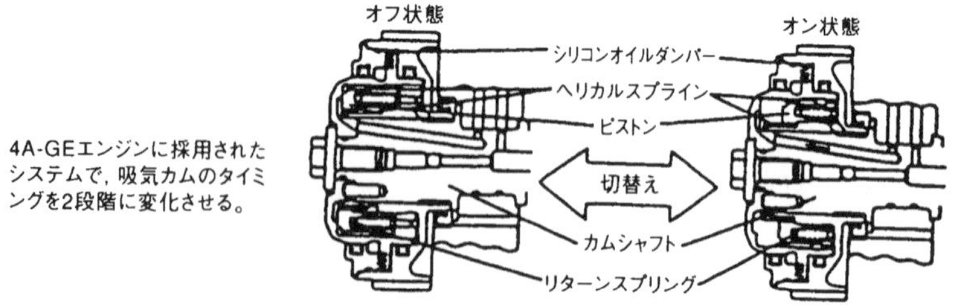

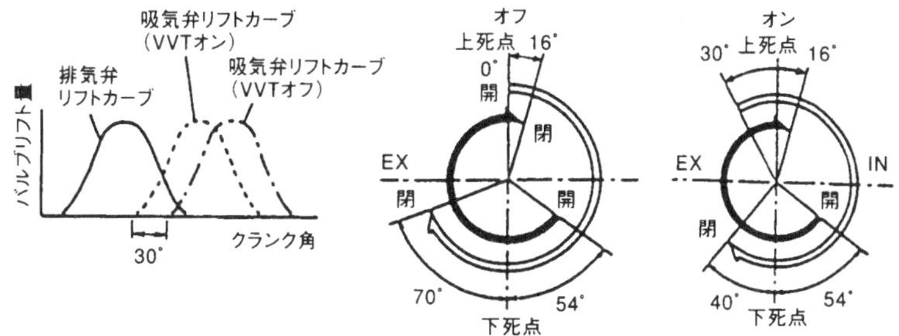

クランクの回転角で30°のタイミングのズレを生じさせて、バルブオーバーラップの有無を生み出す。オン状態がバルブオーバーラップあり。

■ 可変バルブリフト

もう1つの方法は、バルブの開く量を調節すること（可変バルブリフト：variable valve lift）です。バルブを大きく開けてたくさん吸って吐こうとするから、バルブオーバーラップが起こるのであって、低速回転のときには少しだけ開けるようにすれば、開く時間も短くなるから、吸気と排気が重ならない。高速時にはバルブをめいっぱい開けて、たくさん吸ってたくさん吐き出すようにする――これを、大小2種類のカムを使い分けることで実現しました（図7.7）。

図7.7　可変バルブリフトの2種類のカム

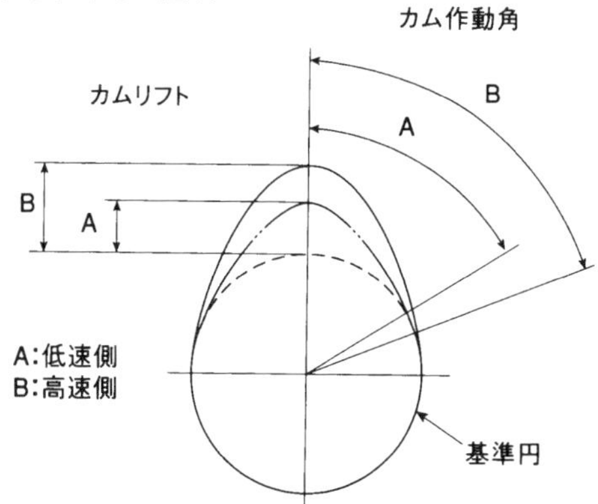

可変バルブリフトのイメージを図7.8に示しました。これは、吸気と排気両方のバルブのリフト量を変える方式です（吸気側のみを変えるという方式もあります）。左端のレース用エンジンは、常に高速回転することを前提にバルブのリフト量とタイミングが設定されていますが、市販車は右端の実用エンジンのように低速で設定されています。可変バルブリフトエンジンは、高速と低速両方に対応できるようになっています。

図7.8　可変バルブリフトのイメージ

	レース用エンジン	可変バルブリフトエンジン	実用エンジン
バルブタイミング（吸排気時期）バルブリフト	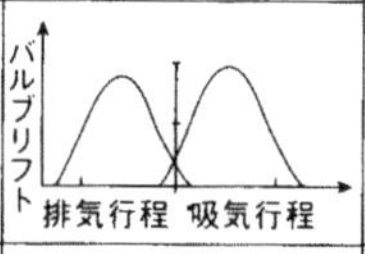 バルブリフト 排気行程　吸気行程	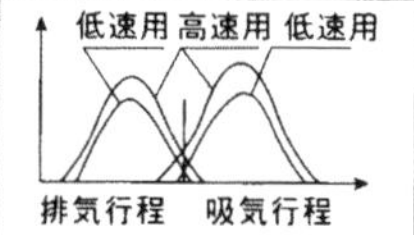 低速用　高速用　低速用 排気行程　吸気行程	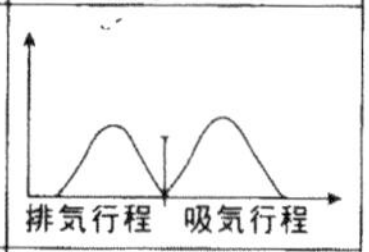 排気行程　吸気行程
最高出力	○	○	△
低速トルク	△	○	○
アイドル安定性	△	○	○

左のレース用エンジンでは吸気と排気に重なる部分（バルブオーバーラップ）があるが、右の実用（市販）エンジンでは重なっていない。バルブのリフト量を変化させて、1つのエンジンで両方の特長が出るようにしたのが、真ん中の可変バルブリフト。

しくみは図7.9のとおりです。低速用カム2枚の間に高速用カム1枚を重ねて、計3枚のカムを取り付け、3枚は常にいっしょに回転します。3枚のカムはそれぞれ個別のロッカーアームを押していますが、そのロッカーアームを油圧によって、連動させたり独立させたりするのです。独立させた場合は、低速カムのリフト量のぶんだけバルブが押されますが、連動させると真ん中の高速カムのリフト量ぶんバルブが押されるしくみです。

日産のVVLは、低速時は吸気・排気ともに低速カムを使い、高速時には吸気・排気ともに高速カムを使いますが、中速時には吸気は高速カム、排気は低速カムを使うという、速度に応じた3種類の組み合わせがあります。

図7.9　可変バルブリフトの作動図（日産・VVL）

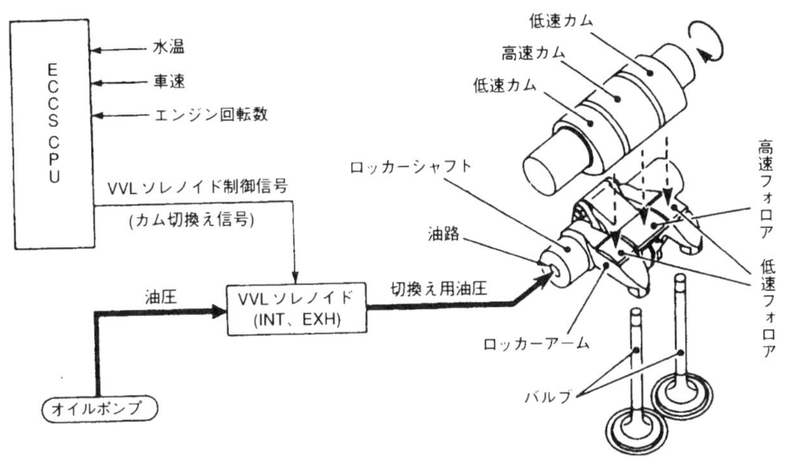

可変バルブタイミングリフト

可変バルブタイミングと可変バルブリフトとを合わせた、可変バルブタイミングリフト（variable value timing & lift）機構というものもあります。BMWは、バルブ開閉のタイミングをずらし、なおかつリフト量も変える機構を開発しています（図7.10）。しかも、双方ともに無段階に調整できるという特長をもっています。常に排気バルブが閉じてから吸気バルブを開くことができるので、バルブオーバーラップがほとんどありません。さらに、その開き具合の大小を無段階に調整できます。

図7.10　可変バルブタイミングリフト（BMW・VALVETRONIC方式）

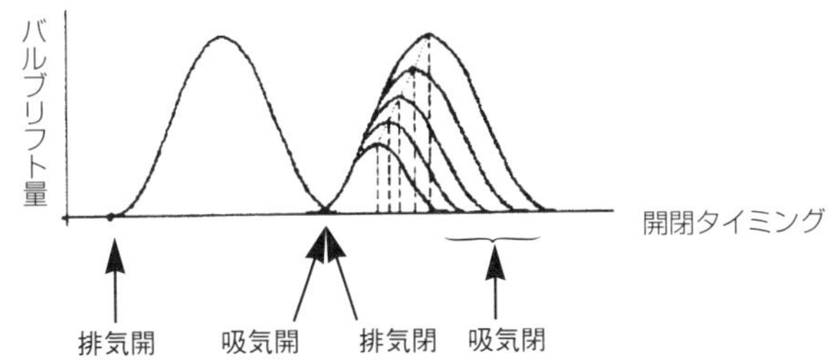

常に排気バルブが閉じた直後から吸気バルブを開くことができ、しかもその開き具合を無段階に調整できる。

この方式になると、吸気量は燃焼室近くのバルブの開き具合で調整できるので、アクセルペダルの踏み込み量をコンピュータが検知すると、すぐに反映させることができて、タイムラグがなくなります。そして、スロットルバルブは常に全開状態で構わなくなるので、スロットルロスがなくなり、燃費は飛躍的に向上します。

第8章

電気や水素で走る技術

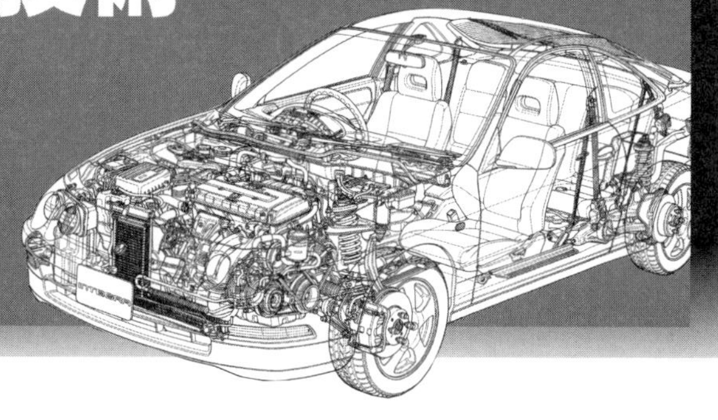

第2章や第7章で紹介したエンジンはガソリンや軽油などを燃焼させて力を得る「内燃機関」と呼ばれるものでした。

クルマの発展は内燃機関の発展でもあったのですが、未来へ向けて、内燃機関を使わないクルマも出てきました。限りある資源といわれている石油のことを考え、あるいは地球環境を守るために二酸化炭素や窒素酸化物を出さない、もしくは少なくするために開発が進められています。

また、内燃機関でも、ガソリンや軽油、天然ガスなどのいわゆる化石燃料を燃やさずに、水素を燃料とするクルマも登場しました。水素を燃やせば、排ガスの主成分は水になります。

本章では、実用化されている、電気自動車、ハイブリッドカー、燃料電池車、水素エンジン車を紹介します。

電気自動車

電気自動車（Electric Vehicle）とは、その名のとおり電気で動くクルマのことです。今、最も普及しているガソリン車もバッテリーを積んでいて電気の力も使っていますが、電気自動車は「クルマを動かす」ための駆動力に電気の力を使うということなので、両者は全く異なります。

ガソリンを燃料とするクルマはエンジンで動きますが、電気自動車はモーターで動きます。

■ 電気自動車のしくみ

電気自動車はガソリン自動車やディーゼル自動車と比べて構造が簡単です（図8.1）。

図8.1　電気自動車のしくみ

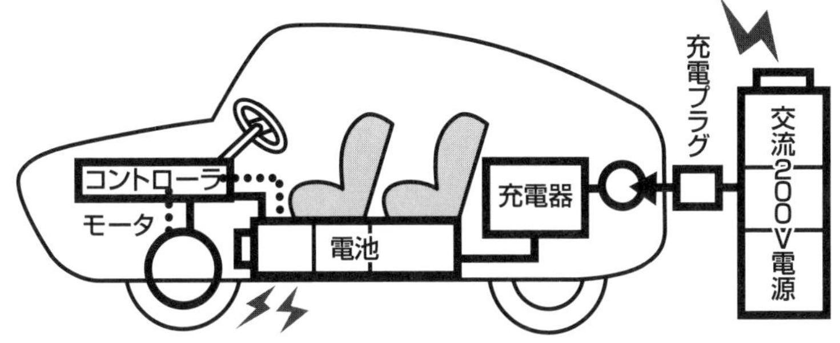

ガソリン車と電気自動車を比較すると、

ガソリン　→　電気
燃料タンク　→　蓄電池
フューエルインジェクション　→　制御装置（コントローラ）
エンジン　→　モーター

にあたります。

フューエルインジェクションの代わりとなっているのは制御装置であり、アクセルペダルと連動して電池から流れる電気を調整しています。電池から流れる電気は直流ですので、以前の電気自動車は直流モーターを使っていました。しかし、近年は効率のよい交流モーターを使っています。制御装置は、直流を交流に変えるインバーターの役目をしています。

減速時は駆動用モーターを発電機に切り替え、電池に充電させています。このときの負荷が、エンジンブレーキの働きもします。ブレーキペダルを踏む強さに応じて、発電量の強弱を変えているクルマもあります。

電気自動車の長所

電気自動車の主な長所は以下のとおりです。

1. 排ガスが出ないので、大気汚染につながらない

2. 騒音や振動が少ない
3. クルマの構造が簡単である
4. 充電には夜間電力を使うので、電力利用の平準化に貢献できる
5. エネルギー効率が良い

電気で動くのですから、排ガスはゼロです。

しかし、「発電所で電気をつくる際、火力発電所であれば二酸化炭素が大量に発生するではないか。クルマから排ガスが出なくても、トータルで見れば地球温暖化につながっている」という疑問を持つ方もいらっしゃるでしょう。ごもっとも。

けれど、火力発電所で化石燃料から電気をつくる際のエネルギー効率は高く、そのときに発生する二酸化炭素を考慮しても、トータルでは、電気自動車のほうが内燃機関で動くクルマより二酸化炭素や窒素酸化物の放出が少ないと言われています。電気自動車のほうが、環境にやさしいクルマであることは間違いありません。

エンジンに代わる心臓であるモーターは、音が静かです。周りの人には、タイヤと路面との間に発生する音くらいしか聞こえず、騒音が少ないクルマです。加えて、モーターは振動が少ないため、運転者にとっても快適です。

しかし、逆に静かすぎて、歩行者が後ろから近づいてくるクルマに気づきにくいため、あえて音を出すしくみも考えられています。

クルマの構造が簡単であるということは、部品が少なく故障しにくいということです。量産化がはかれると、車体価格も下がりますし、その車体もガソリン車の1.5〜2倍長持ちします。

しかし、あとで述べるように現在はまだ非常に高価です。

電池の充電は、クルマに乗らない夜間に、家庭のコンセントから行うことを原則とするため、ガソリンスタンドに寄る必要がなくなり、電力の効率的な利用の面でもメリットがあります。

電力会社の発電所は、最も電気を使うときに合わせて設備を整えており、その時間帯以外はもったいないのですが、やむなく設備を休ませているのです。

電力を最も使うときというのは、1年間でいえば冷房を最も使う夏の午後1～2時ころです。季節を問わず1日の中で比べれば、皆が活動している昼間が多く、休んでいる夜間は、電気使用量が減ります。電気自動車の充電はこの夜間の電力を使うということですから、設備の稼動に無駄がなくなり効率的になるのです。

また、エンジンで動くクルマと違って燃料を搭載しないので、万が一のとき火災の危険がほとんどありません。

発電所はエネルギー効率よく電気をつくっており、その電気をそのままの形でモーターに使うのが、最もエネルギーロスの少ない使い方です。

また、走行中、減速するときは、駆動モーターを発電機として回すことによって、運動エネルギーを再び電気エネルギーに戻しますので、無駄がありません。

このように「エネルギー」という面で、電気自動車は長所が多いクルマです。

 電気自動車の課題

電気自動車の今後の主な課題として、以下の3つの改善が挙げられます。

1. クルマの値段が高い
2. 充電環境が未整備
3. 1回の充電での走行距離が短い

電気自動車が高価格である理由は、まだ販売台数が少なくこと、そして電池の値段が高いことが挙げられます。さらに、充電器がいっしょに販売されていることも高価格要因の1つです。

大量生産によって値段を下げるには、なによりも電気自動車が普及する必要があります。そのためには、町中でも充電できる環境を整えなければなりません。

いくら夜間の電気を使って家庭で充電するといっても、走行中に電気を使い切っ

てしまえば、昼間に出先で充電が必要になります。そこで、町中に充電設備もしくは電池交換所が必要になります。しかし、電気自動車がたくさん普及しないと充電環境も整いませんので、「ニワトリが先か卵が先か」の堂々回りになりそうですが……そうならないために、電気自動車の普及と充電インフラの整備は同時に解決させてゆかねばなりません。

充電のための規格は国内すべての自動車メーカーで統一されています。

電池は、鉛電池やニッケル・カドミウム電池、リチウムイオン電池など幾種類もあります。安価なのが鉛電池で、高価なものはリチウムイオン電池です。

しかし、リチウムイオン電池（Lithium-ion battery）は、1回の充電で走れる距離はが最も長く（200km以上）、最も短い鉛電池（50〜70km）の3倍以上です。また、取り出せる電力が従来の度の電池より大きく、さらに充電を繰り返しても電池の消耗が最も少ないという、すぐれた特徴がいくつもあります。

価格が安くて、1回の充電で長距離走れる電池の開発が、電気自動車普及のカギとなっています。

ハイブリッド自動車

電気を動力源としたクルマで、今、最も普及しているのはハイブリッド自動車です。

ハイブリッド（hybrid）には、「雑種」という意味がありますが、ここでは「混成」「複合」という意味で使われています。

ハイブリッド自動車とは、本来、複数の動力源を組み合わせて、状況に応じて動力源を同時にもしくはそれぞれを別々に作動させて走行する自動車のことを言います。しかし、実際に最も多い動力源の組み合わせは、ガソリンエンジンと電気モーターによるものなので、ふつうハイブリッド自動車と言えばこのタイプを指します。

ここでは、ガソリンと電気によって走るハイブリッド自動車について紹介します。

ハイブリッド自動車は、エンジンとモーターの2つの動力を搭載しているため、スペースの問題から普通乗用車には搭載するのが難しかったのですが、1997年にトヨタのプリウスが発売されたことによって大きく前進しました。プリウスは動力の小型化に成功したのです。

■ ハイブリッド自動車のしくみ

動力の組み合わせには、「シリーズ方式」「パラレル方式」「シリーズ・パラレル方式」の3つの方式があります。

1. シリーズ方式（series hybrid type）

シリーズ方式のハイブリッド自動車は、1回の充電での走行距離が短いという電気自動車の欠点を補うために考案されました。発電をしながら走行をするという方法です（図8.2）。

図8.2　シリーズ方式のハイブリッド自動車

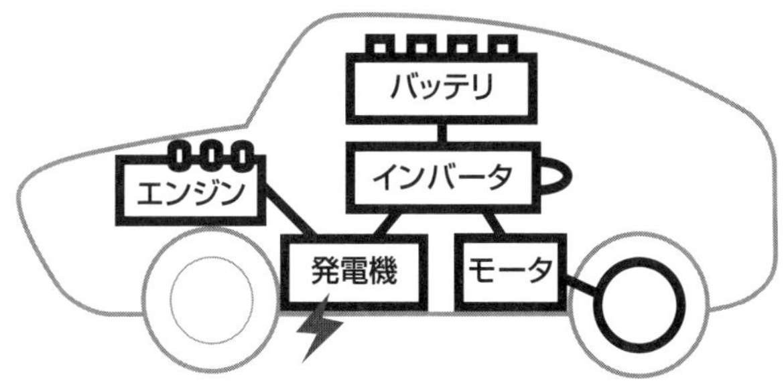

ガソリンエンジンを駆動力に使わずに、発電機を回して発電をします。その電力はモーターを回す動力源として、あるいはバッテリーの充電のために使われます。エンジンは直接タイヤとはつながっておらず、車輪を回すのはモーターだけです。エンジンとモーターが直列に配置されていることから、シリーズ（series＝直列）方式と呼ばれています。

2. パラレル方式（parallel hybrid type）

パラレル方式のハイブリッド自動車は、主としてエンジンの燃費向上や、排出ガスの発生を低減するために考案されました。エンジンとモーターの長所をうまく取り入れています（図8.3）。

図8.3　パラレル方式のハイブリッド自動車

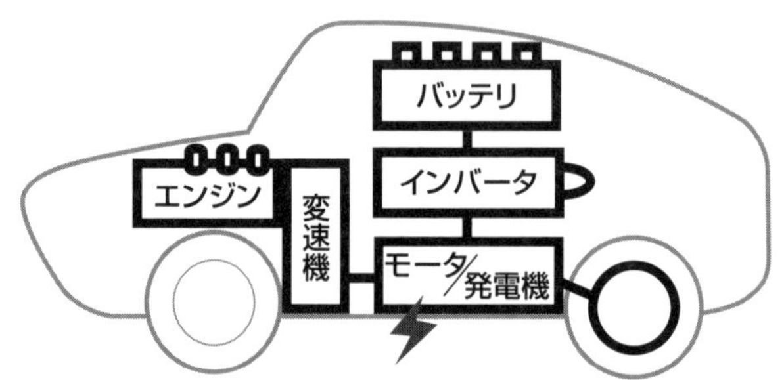

エンジン主体で走ります。しかし、発進時や加速時など、エンジンに負荷がかかるときには、モーターも回転して駆動力を補助します。エンジンとモーター両方でタイヤを回すのです。

クルマが一定速度で走っているときエンジンの効率が悪くなるので、余った力は発電機を回すことに使われます。

また、ブレーキをかけるときや下り坂を走るときには、電気自動車と同様、モーターを発電機として電気をつくります。

エンジンとモーターが並行して駆動に関与することから、パラレル（parallel＝並行）方式と呼ばれています。

3. シリーズ・パラレル方式（series-parallel hybrid type）

シリーズ方式とパラレル方式を組み合わせた方式です。状況に応じてシリーズ方式とパラレル方式を使い分けることができます。つまり電気だけで走ることもあれば、電気とガソリン両方で走ることもあるクルマです。最も燃費の良い方法を常にクルマ自身が選びながら走る方式です（図8.4）。

図8.4　シリーズ・パラレル方式のハイブリッド自動車

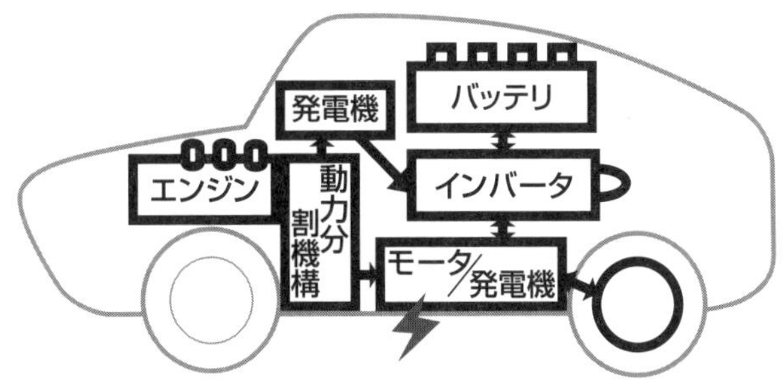

エンジンにとって苦手な発進時と低速時は、モーターのみで走行します。そしてある速度以上になると、エンジンが回転し始めエンジンとモーター両方を使います。一定速度になって負荷が軽くなると、発電をしながら走行します。

そして、ブレーキを踏んだりアクセルを緩めると、発電を行ってバッテリーに充電します。

停車時は自動的にエンジンが止まりますが、バッテリー充電量が少ない場合は、エンジンを回して充電を続けますし、エアコン使用時などにエンジンがかかることもあります。

トヨタのプリウスはこのシリーズ・パラレル方式です（図8.5）。

エンジンを始動させ、しばらくたってエンジンが暖まると突然停止します。エンストのように感じますがエンストではありません。赤信号での停車時など、不必要なアイドリングでガソリンが使われるのを防ぐために、意図して止まるのです。

図8.5 プリウス（トヨタ）のハイブリッドシステム

①構成部品の配置

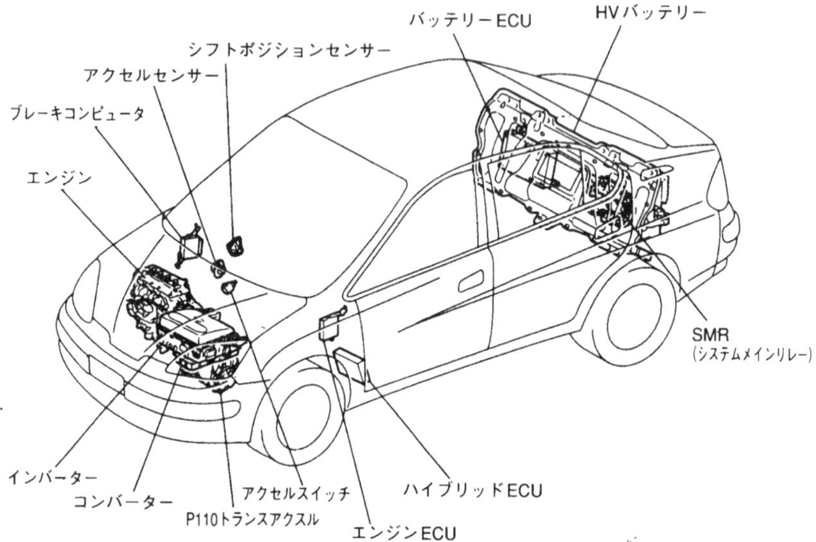

②主なシステム構成図

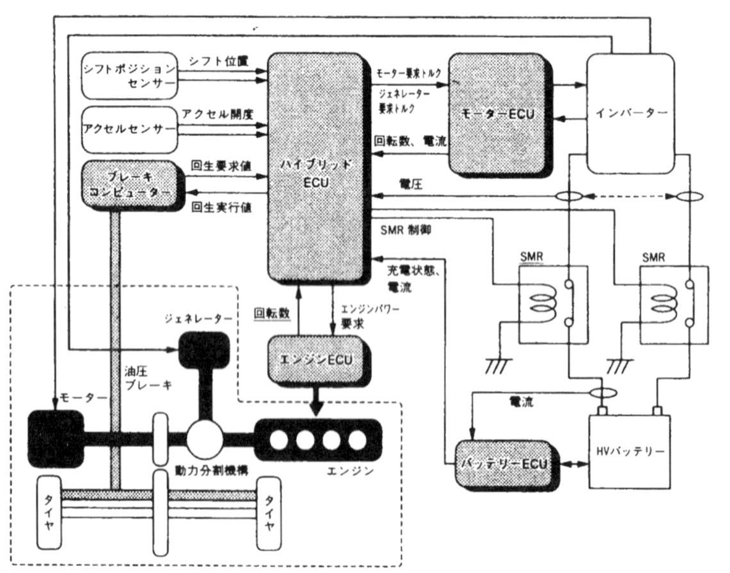

■ハイブリッド自動車の長所

ハイブリッド自動車の主な長所は、以下のとおりです。

1. 排ガスが少ないので、大気汚染につながらない
2. エネルギー効率が良い
3. 騒音や振動が少ない
4. 新たなインフラ整備が不要

エンジンに負荷がかかる発進時にはモーターを使うなどするため、排ガスは少なくなります。逆に、負荷が少ないときには、エンジンでつくったエネルギーで余ったぶんを発電することに割り当て、ムダをなくしています。つまり、エネルギー効率がよいということです。

エンジンの負荷を軽くするということは、「エンジンががんばりすぎない」ということで、大きなエンジン音も出ません。

音が静かなので、深夜や早朝の自宅周辺での運転にも気をつかわずに済みます。これは電気自動車の利点と同じです。

何より大きな特長は、現在のガソリンスタンドを利用できるということです。電気自動車や、次に紹介する燃料電池自動車では、充電スタンドや、燃料（この場合の燃料はガソリンや軽油ではありません）補給スタンドをインフラとして整備しなければならず、普及には経費がかかりますが、ハイブリッド自動車の場合、ガソリンは既存のガソリンスタンドで給油すればよく、外部からの充電の必要もありませんので、新たなインフラ整備は不要です。

■ハイブリッド自動車の課題

今後の課題として「クルマの値段が高いことの改善（価格低減化）」が挙げられます。

燃費がよいためガソリン代は安く済むのですが、現段階ではクルマの値段が高いため、トータルで考えてもまだガソリン車に比べて割高です。小型軽量化の必要性もあり、まだまだ改善の余地は残されています。車体も小さくかつ軽くなれば、燃費はさらに良くなり、そしてクルマの値段が下がればガソリン車よりお買得になりますので、普及に拍車がかかるでしょう。

しかし一方で、ハイブリッド自動車は電気自動車が普及するまでの"つなぎ"のクルマだとする見方もあります。

燃料電池自動車

燃料電池自動車は、燃料電池で発電した電気でクルマが走るので、電気自動車の一種であるといえます。ただ、170～174ページで説明した電気自動車は「充電」をして蓄えた電気でモーターを動かすのに対し、燃料電池自動車はガソリンや軽油のように「燃料を補給」しながら、発電した電気でモーターを動かすというところが異なります。

■ 燃料電池自動車のしくみ

燃料電池自動車は、燃料電池によって燃料を電気に変え、電気の力でモーターを動かしてクルマを走らせます。燃料電池（fuel cell または fuel battery）は「電池」という名称がつけられていますが、電気を蓄えておくものではなく、発電機と言えます。

発電機（燃料電池）によってつくられた電気を蓄えておく電池は、燃料電池とはべつに設置されています。

燃料電池は、学校の理科の授業で習った「水の電気分解」の逆を行うことで電気を得ています。

水の電気分解の化学変化は

水＋電気→水素＋酸素

というものでしたが、燃料電池はこの逆で

水素＋酸素→水＋電気

という化学変化を起こさせて、電気を取り出します。

水に電気を与えて水素と酸素に分けたのが水の電気分解で、水素と酸素をいっしょにして水と電気を得るのが燃料電池というわけです（図8.6）。

燃料電池に入ってきた水素の原子（H）がマイナス極で電子（e^-）1個を放出してH^+（水素イオン）とe^-に分かれ、H^+は電池中の電解液を流れてプラス極へ流れ、e^-は電池の外から導線を流れてプラス極へ向かいます。プラス極側では空気が取り入れられており、空気中の酸素は原子（O）1つにつき、水素から放出され導線を伝わって流れてきた2つのe^-とくっつきO^{2-}（酸素イオン）となったところへ電解液を伝わってきた2つのH^+とくっついて水（H_2O）になって外へ出ます。このとき、導線を流れる電子（e^-）のおかげで電流が発生するのです。

図8.6　燃料電池のしくみ

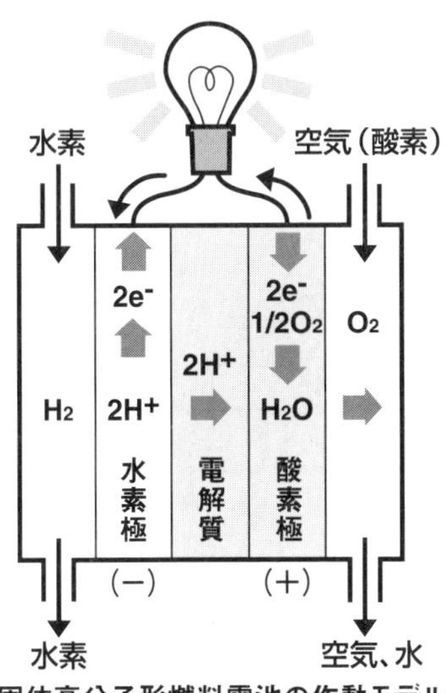

固体高分子形燃料電池の作動モデル

燃料電池自動車の燃料は水素です。その水素を直接補給してクルマを走らせるというのが理想的ではあるのですが、しかし、水素スタンドを整備しなくてはならないなど、普及には壁が多いのが実情です。これは、後述する水素エンジン自動車でも事情は同じです。

そのため水素そのもの（純水素）より入手が簡単で、補給方法も現在のスタンドの延長で済むメタノールや天然ガスで、燃料を代用する方式も採られています。メタノール（メチルアルコール）や天然ガスをいったんクルマに入れて、クルマの中の燃料改質器で水素を取り出すのです（図8.7）。

図8.7　燃料電池自動車のしくみ

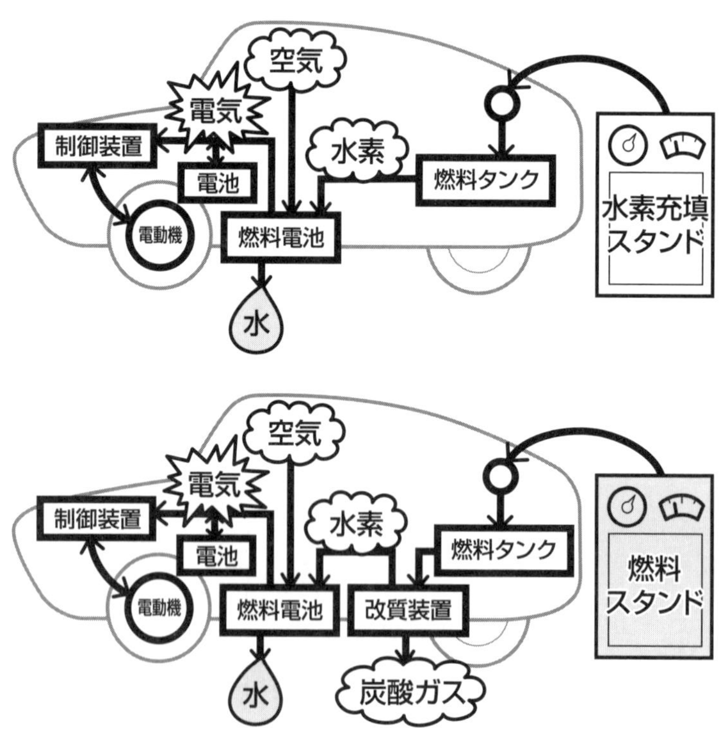

水素を燃料とする方式（上）とメタノールなどから水素を取り出す方式の2種類がある。

以前、燃料電池はカナダのバラード（Ballard）社製品が市場を独占していました。しかし、トヨタが独自の燃料電池を開発してから、現在日本はホンダも含めて、燃料電池自動車の技術で世界の先頭を走っています。

燃料電池自動車の長所

スタートのときは、ガソリン車よりもスムーズに発進します。アクセルを軽く踏むだけで、軽快な加速感を味わえます。

運転してみて実感することは、電気自動車やハイブリッド自動車と同様、音が静かであるということ。また、時速150km以上出るし、燃料を満タンにすれば300～600kmは走ることができるので、実用面ではガソリン車と比較しても問題ありません。

水素と酸素をいっしょにして、化学反応で電気をつくるので、エネルギーのロスが少なく、効率がいいのも大きな特長です。

燃料電池そのものは、もともとは米国の宇宙開発技術として誕生したもので、1969年に月面着陸したアポロ11号に搭載されたことで有名になりました。

水しか出さないので環境対策の面で、世界中から期待されています。石油の埋蔵量を考えると、中国やインドなど途上国で今後クルマが普及すると、ガソリンや軽油が品薄になったり、価格が高騰することが十分に考えられます。

燃料電池の燃料は水素と酸素なので、枯渇の心配がありません。

燃料電池自動車の課題

問題点には、値段が高いというのが真っ先に挙げられます。現在はリースのみです。現段階では売るとしたら1億円以上になるようです。実際、燃料電池自動車は、1台1台手作りで製造されているような状態で、まだまだビジネスとして成立しそうにありません。

技術面では、寒さに弱いという欠点があります。氷点下になるとモーターが回転しません。ハイブリッド自動車は、暖まるまでエンジンを回転させるという方法で欠点を克服していますが、燃料電池自動車にはこれができません。何らかの対策が必要です。さらに燃料を純水素にすると、高圧水素の格納タンクを頑丈につくらる必要があるため、クルマの重量がガソリン車の1.5倍にもなってしまいます。重くなればなるほど、クルマの性能や燃費が悪くなります。

燃料に関して言えば、最も理想的な形は純水素を使用することです。そうすればクルマに改質装置をつける必要がなくなり、排気も水だけになります。しかし、前述のように、それにはさまざまな壁があります。　ソリンスタンドにあたる「水素ステーション」は、現在全国に数えるほどしかありません。インフラ整備も重要な課題です。

column

次世代の電気自動車【SIM-Drive】

コラム

一般的な電気自動車は、エンジンの代わりにモーターを1つ置き、この動力をシャフトで伝え後輪（または前輪）の2輪を駆動する方式です。これは、従来の車体を流用して使うための方策の1つ。

ところが、日本のベンチャー企業SIM-Driveが新しい電気自動車を提案し、注目を集めています。

その最大の特長は、インホイールモーター（In-wheel motor）とコンポーネントビルトイン式フレーム（Component built-in frame）にあります（**図8.8**）。

図8.8　SIM-Driveの電気自動車の主構造

SIM-Driveの特長1

■インホイールモーター（ダイレクトドライブ方式）

インホイールモーターとは、タイヤにモーターを直接埋め込む方式を言います。つまり、2輪駆動の場合は2輪にそれぞれモーターを納め、4輪駆動にする場合はすべてのタイヤにモーターを納めます。もっと言えば、タイヤの数をさらに増やしても、いくつでも対応できるという特長があります。

モーターには、アウターローター式（outer rotar）を採用。これは、ふつうのモーター（インナーローター式＝inner rotar）が、外側に固定された永久磁石（固定子）があり、内側の電磁石（回転子）が回転する構造になっているのとは逆に、中央に固定された永久磁石（固定子）のまわりを、外側の電磁石（回転子）が回転するしくみです。これでタイヤをダイレクトに回します（**図8.9**）。

アウターローター式は、インナーローター式より大きなトルクを発生することができます。

図8.9　インホイールモーターの構造

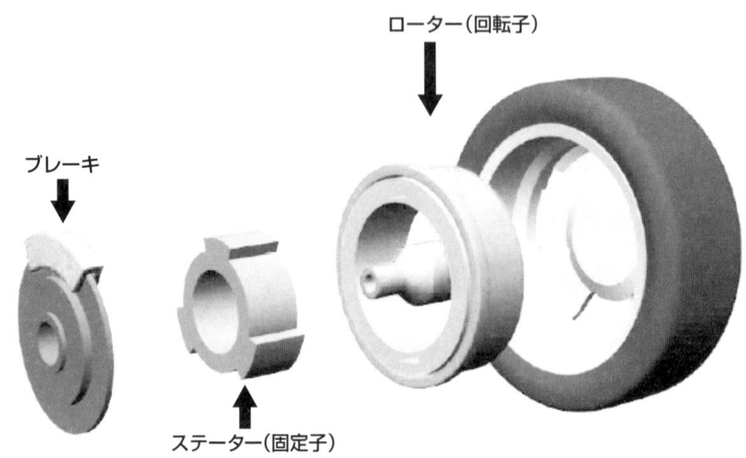

ダイレクトドライブ方式のインホイールモーターを採用することで、現在の電気自動車に比べてエネルギーロスが少なく、同じ電気使用量で航続距離が30%伸びると計算されています。

また、従来は必要だったモーターを設置する空間が不必要なため、車内空間を広く取ることができます。さらに、動力伝達のためのシャフトやギヤなども必要ないので、部品点数が少なく済み、車重の軽量化がはかれるようになっています。

加えて、どのタイヤにモーターを取り付けるかによって、フロントドライブ、リアドライブ、４WDと、簡単に、自由に設計できるという利点もあります。

一方で、かねてより、バネ下重量の増加による、乗り心地の悪さ、一輪が壊れた場合の安全性、モーターへの水の浸入などの問題が認識されていました。

しかし、これらは技術的にクリアすることが可能となっています。

SIM-Driveの特長 2

■コンポーネントビルトイン式フレーム

床下に中空構造（ハーモニカ状）の強固なフレームをつくり、その中にリチウムイオン電池、インバーター（直流を交流に変換し、速度もコントロール）を収納します（図8.10）。これをコンポーネントビルトイン式フレームと言います。

図8.10　コンポーネントビルトイン式フレームの構造

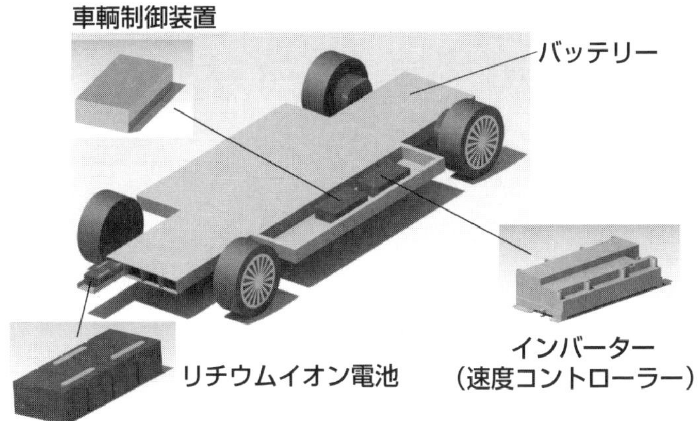

すべてが床のフレームに納まることにより、重心が低下し、走行安定性が向上するとともに、車体全体としては軽量化がはかられます。

また、基本的に床上には何も置かれないため、車内空間を広く取ることができ、しかもクルマのボディデザインは何ものにも左右されません。空気抵抗の低減を追及したスポーツ車でも、ワンボックスカータイプでも、どのようなボディでも載せることができます。

水素エンジン自動車

水素は、酸素と混合して点火すると、爆発的に燃焼するという性質をもっています。

前述した燃料電池自動車は、水素と酸素を電気化学的に反応させて電気をつくり、その電気を動力としていますが、水素エンジン車は水素をそのまま内燃機関（エンジン）で燃焼させて動力を得ます。ガソリンエンジンでガソリンを燃やすのと同様に、水素エンジンで水素を燃やすわけです。

水素エンジン（hydrogen engine）には、レシプロエンジンとロータリーエンジンがあります。水素レシプロエンジンは、ドイツのＢＭＷ社やアメリカのフォード社などが開発していますが、水素ロータリーエンジンは日本のマツダ社独自の技術です。

マツダには、水素ロータリーエンジンだけで駆動力を得るクルマと、水素ロータリーエンジン＋電気モーターのハイブリッドタイプの２種類がありますが、水素ロータリーエンジン自体は同じです。ここでは、水素ロータリーエンジン車を取り上げます。

水素ロータリーエンジンのしくみ

水素エンジンでも、基本的なしくみや動作原理はガソリン燃料のロータリーエンジンと変わりません。ただし、燃料の水素をガスインジェクターから直接噴射（直噴）します（図8.11）。

図8.11　水素ロータリーエンジンのしくみ

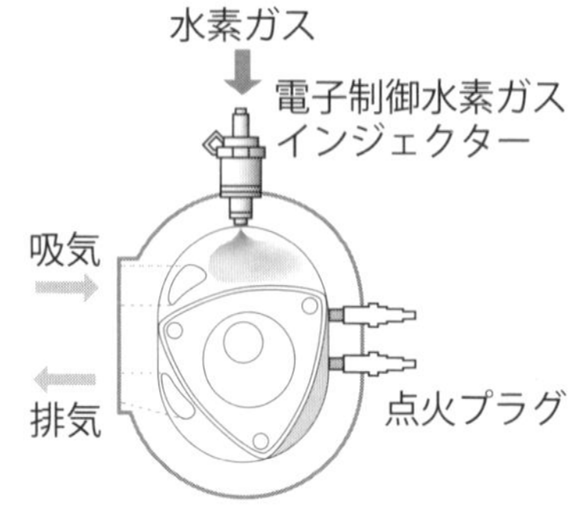

水素を燃料とすると、高温の点火プラグや排気バルブに触れたとき、点火前に爆発を起こすバックファイアー現象（backfire）が起きてしまいます。レシプロエンジンではそれが大きな問題になっています。

しかし、ロータリーエンジンはもともと吸気室と排気室がべつで、混合気は点火直前まで直接点火プラグに接することがないので、バックファイアーが起こりにくい構造なのです。その点、レシプロエンジンより水素エンジンに向いていると言えます。

■ 水素ロータリーエンジン自動車の長所

水素ロータリーエンジン自動車の長所としては、何よりもまず、燃料が水素だけであることが挙げられます。水素の供給インフラが整えば、化石燃料に頼らずに済むようになります。

また、排ガスとして二酸化炭素を出さないので、地球温暖化の防止に貢献します。ただし、排ガスには水（水蒸気）のほかに窒素酸化物（NOx）が含まれますので、触媒コンバーターで除去する必要があります。

■ 水素ロータリーエンジン自動車の課題

水素ロータリーエンジン自動車の今後の主な課題として、以下の3つの改善が挙げられます。

1. 走行距離が短い
2. 高圧水素タンクが重い
3. 熱効率が悪い
4. 水素ステーションが未整備

水素のエネルギー密度はガソリンより小さいため、どうしても走行距離が短くなります。現在は満タンでも100kmほどしか走れません。長距離を走るためにはたくさんの水素を積めばよいのですが、高圧水素タンクが重いため、なかなかそうもいきません。

そのため現時点では、ガソリンタンクも搭載し、同じ水素ロータリーエンジンで、水素でもガソリンでも燃やして走れるようにしています。

ロータリーエンジンは元来、同じ排気量のレシプロエンジンに比べて燃焼室の表面積が大きく、熱効率が悪いという欠点があります。これは水素エンジンにしても同様です。

前述のように、水素のエネルギー密度が小さいことも相まって、水素を燃料としたときのロータリーエンジンの出力はどうしても小さくなります。同じロータリーエンジンでガソリンを燃やしたときに比べて、水素を燃やしたときの出力はおよそ半分になります。

用語索引

■数字・アルファベット

■ア行

■カ行

■サ行

■マ行

■ヤ行

■ラ行

図表一覧

◇ 編者プロフィール ◇

有限会社 ルネサンス社

科学技術をはじめ、広く理系分野を得意とする書籍制作・編集会社。
代表的な制作書籍に、
『医師の正義』(白石拓著/宝島社)
『マンガで科学がますます身近になる本』(ルネサンス著/宝島社)
『データ比較「住みにくい県」には理由がある』(佐藤拓著/祥伝社)
『ここまでわかった「科学のふしぎ」』(白石拓著/講談社)
他がある。

本書は2003年7月15日(第1刷)に株式会社山海堂より刊行された「自動車メカの基礎知識」を増補・改訂したものです。

基礎からわかる図解・自動車メカ

2010年5月15日　初版第1刷発行

編　者　有限会社ルネサンス社　©2010
発行者　藤原　洋
発行所　株式会社ナノオプトニクス・エナジー 出版局
〒113-0033　東京都文京区本郷4-2-8-5F
電話 03 (5844) 3158　FAX 03 (5844) 3159
発売所　株式会社近代科学社
〒162-0843　東京都新宿区市谷田町2-7-15
電話 03 (3260) 6161　振替 00160-5-7625
http://www.kindaikagaku.co.jp
印　刷　新日本印刷株式会社

　Printed in Japan　ISBN978-4-7649-5510-3